土木建筑大类专业系列新形态教材

公共建筑设计

薛 莹 吴 越 ◎主 编

清华大学出版社
北 京

内容简介

公共建筑设计课程是建筑设计专业的一门重要课程。本书根据建筑行业对建筑技术人才的要求，执行我国建筑行业现行标准和规范，运用简明清晰的建筑设计原理，结合真实的建筑设计案例，从公共建筑的总体环境布局、功能与空间、立面造型设计、技术经济分析几个方面，阐述了公共建筑设计相关的知识与设计。在公共建筑类型中，本书特别介绍了幼儿园建筑设计，详细阐述了幼儿园建筑的概况、总平面图设计、平面设计及立面造型设计几部分，并辅以相关的实践案例，以便读者更好地理解和掌握这些概念。

本书所涉及的内容和深度适合高职院校的教学要求，同时也可供相关设计和技术人员参考阅读。

图书在版编目(CIP)数据

公共建筑设计/薛莹，吴越主编. —北京：清华大学出版社，2024.3
土木建筑大类专业系列新形态教材
ISBN 978-7-302-65409-4

Ⅰ.①公… Ⅱ.①薛… ②吴… Ⅲ.①公共建筑－建筑设计－教材 Ⅳ.①TU242

中国国家版本馆 CIP 数据核字(2024)第 043284 号

责任编辑：杜　晓
封面设计：曹　来
责任校对：刘　静
责任印制：刘海龙

出版发行：清华大学出版社
网　　址：https://www.tup.com.cn，https://www.wqxuetang.com
地　　址：北京清华大学学研大厦 A 座　　**邮　　编**：100084
社 总 机：010-83470000　　**邮　　购**：010-62786544
投稿与读者服务：010-62776969，c-service@tup.tsinghua.edu.cn
质量反馈：010-62772015，zhiliang@tup.tsinghua.edu.cn
课件下载：https://www.tup.com.cn，010-83470410
印 装 者：北京同文印刷有限责任公司
经　　销：全国新华书店
开　　本：185mm×260mm　　**印　　张**：6.5　　**字　　数**：143 千字
版　　次：2024 年 3 月第 1 版　　**印　　次**：2024 年 3 月第 1 次印刷
定　　价：42.00 元

产品编号：101200-01

前 言

公共建筑是建筑中比较重要的一类，是人们进行社会活动不可缺少的场所。公共建筑设计在建筑设计和城市设计中处于比较重要的地位，是一项设计性、艺术性和技术性很强的工作。在公共建筑设计中，需要兼顾质量、实用和美观等各方面，这与建筑性质、建筑环境、审美特色、成本考虑等多方面密切相关。一般来说，建筑按照使用功能分为居住建筑、公共建筑、工业建筑和农业建筑。公共建筑是供人类进行各种公共活动的建筑，根据人类行为活动方式的多样化，公共建筑可以分为医疗建筑、文教建筑、办公建筑、商业建筑、体育建筑、交通建筑、邮电建筑、展览建筑、演出建筑和纪念建筑等类型。公共建筑的主要特点体现为使用上的公共性和开放性、功能上的多样性、人流交通的大量性、建筑结构的复杂性、建筑风格的时代性。

本书前 4 章从公共建筑的总体环境布局、公共建筑的功能关系与空间组成、公共建筑立面造型设计、公共建筑的技术经济分析这五个维度进行了阐释，帮助读者构建公共建筑的整体认知框架。第 5 章以幼儿园建筑设计为例，从总平面图、平面布置、造型设计、环境设计、案例分析等多个角度，完整详细地对幼儿园设计的要求和要点进行解读。学生通过学习公共建筑知识概述，能够深入了解学习建筑学的目的和意义，理解建筑学的基本含义和概念，逐步建立正确的建筑观；通过幼儿园建筑设计课程作业能够系统地了解建筑设计的一般过程，认识建筑的功能与形式的关系，掌握建筑设计的基本方法；能够初步了解各种建筑风格，体会设计理念与设计作品之间的内在联系。

针对思政育人目标，本课程思政教学的方向为：弘扬传统建筑文化，增强文化自信；发扬工匠精神，树立精益求精的学习态度；培养团结协作精神。本书以这三个思政主题结合社会主义核心价值观，打造围绕“价值构造、能力培养、知识传播”三位一体的课程建设目标。通过案例、知识点等教学素材的设计运用，以润物细无声的方式将正确的价值追求有效地传递给学生。

本书为江苏城乡建设职业学院工程造价省级高水平专业群立项建设项目(项目编号：ZJQT21002322)。本书由薛莹、吴越担任主编，周百黎担任副主编。在本书编写中既注重了理论分析，也重视创作经验的总结与归纳，力图达到图文并茂，使其具有较强的逻辑性、知识性、阅读性、趣味性。本书借鉴了同类书籍的相关内容并做了适当的精简、提炼。在此，非常感谢给予指导的各位学校老师和企业专家。

由于编者水平有限，书中不妥和疏漏之处在所难免，恳请专家和广大读者批评、指正。

编　者

2023 年 11 月

目 录

第1章 公共建筑设计概述与总体布局

学习目标

1. 了解公共建筑的特点、空间类型。
2. 掌握绘制功能泡泡图的方法。
3. 了解外部环境的设计要求。
4. 了解公共建筑群体组合的方式。

1.1 公共建筑设计概述

广义来讲,建筑学是研究建筑及其环境的学科。

建筑是为了满足人类社会活动的需要,利用物质技术条件,按照科学法则和审美要求,通过对空间的塑造、组织与完善所形成的物质环境。

建筑泛指建筑物和构筑物。建筑物指用建筑材料建造的供人们生活与进行各种活动的空间和实体,有较完整的围护结构,审美要求也较高,如住宅、学校、办公楼、影剧院等。人们习惯上将建筑物统称为房屋。构筑物指不具备、不包含或不提供人类居住功能的人工建筑物,围护结构不完整,审美要求不高,如桥梁、水坝、隧道、围墙等。有的建筑,虽然没有完整的围护结构,但审美要求高,也可称为建筑物,如纪念碑等。

建筑学是一门横跨工程技术和人文艺术的学科。建筑学所涉及的建筑艺术、建筑技术以及作为实用艺术的建筑艺术,包括美学的一面和实用的一面,它们虽有明显的不同但又密切联系,并且其分量随具体情况和建筑物的不同而大不相同。

1.1.1 建筑的发展

为了满足生存和发展的需求,人类早早就学会了建造房屋,并把它作为最早的生产活动之一。从远古的穴居和巢居,到现代的高楼大厦,建筑形态日新月异、千姿百态。建筑历史的发展受到多种因素的影响,主要包括以下三个方面。

1. 生产力水平

建筑是物质资料的生产之一,需要建筑材料和建造技术。古代使用容易获取或加工方便的材料,如泥土、木材和石头,建造简单的房屋。随着生产力的提高,人们学会了制造砖瓦、利用火山灰制作天然水泥、提高了木材和石材的加工技术,并掌握了构架、拱券、穹顶等施工方法，使建筑变得更加复杂和精美。工业时代以来，钢筋混凝土、金属、玻璃和塑料逐渐成为主要的建筑材料，科学的发展使得建造超高层建筑和大跨度建筑成为可能，各种建筑设备的采用也大大改善了建筑的环境条件。建筑正在迅速改变，生产力的发展是建筑发展的重要基础。

2. 生产关系

建筑是为人类从事各种社会活动的需要而建造的，因此必然要反映各个历史时期社会活动的特点。例如，原始社会的建筑通常是简陋的，主要用于基本居住和生产需求。而随着生产力的发展和社会分工的加强，奴隶社会的建筑开始出现一些富丽堂皇的特征，如古希腊和古罗马的神庙和剧场。封建社会则更加注重宫殿、城堡和教堂等建筑，反映了封建统治者的权力和地位。此外，建筑还可以反映出政治制度、社会意识形态和生活习俗等方面的特征。总之，建筑作为人类活动的产物，是社会发展和历史进步的重要标志。

3. 自然条件

建筑的主要目的是为人类提供一个适宜的环境，使人们能够更好地进行社会活动。在不同的自然条件下，人们需要采用不同的建筑类型以适应环境的变化。例如，在寒带和热带，人们需要采用不同的建筑材料和设计来保持温度的稳定。在山地和平原，建筑也需要根据地势的高低，考虑采用不同的结构来应对不同的地形。在林区和草原，建筑也需要考虑自然环境的影响，采用相应的设计来适应生态系统。因此，建筑的设计需要充分考虑自然条件和人类需求之间的平衡，以创造出更加适宜的环境。

建筑是一个多重因素的产物，包括政治、经济、社会、文化等多个方面的影响。在建筑的发展历史中，经历了许多不同的阶段和风格，这些阶段和风格反映了不同时期的历史和文化。建筑不仅是一个单纯的物理结构，还是一个复杂的符号系统。它有着深刻的历史意义，代表了人类历史上不同阶段的文化和价值观念。因此，建筑不仅仅是人类历史发展的重要标志，也是各民族文化的重要组成部分。

1.1.2 公共建筑的定义

从广义上讲，公共建筑是指供人类进行各种公共活动的建筑，其与居住建筑和工业建筑等功能针对性较强的建筑类型不同。公共建筑涵盖了许多不同的领域，包括但不限于教育、医疗、文化、体育、社交和政务等。因此，为了满足人们不断变化的需求，公共建筑的类型也呈现出多样化。

1. 常见公共建筑的类型

(1) 医疗建筑，包括医院、诊所、养老院等。

(2) 文教建筑，包括学校、图书馆、博物馆、文化中心等。

(3) 办公建筑，包括政府大楼、公司总部、写字楼等。

(4) 商业建筑，包括商场、超市、酒店、餐厅等。

(5) 体育建筑，包括体育馆、游泳馆等。

(6) 交通建筑，包括火车站、机场、港口等。

(7) 邮电建筑,包括邮局、电信公司、电力公司等。

(8) 展览建筑,包括博览会馆、展览中心、展馆等。

(9) 演出建筑,包括剧院、音乐厅、电影院等。

(10) 纪念建筑,包括纪念碑、纪念馆、公园等。

这些公共建筑是为市民们提供服务的重要场所,不仅可以带来便利,还有助于推动城市文化的发展。公共图书馆提供了学习场所和资源,可以帮助人们提高知识水平和文化素养。公共博物馆则展示了丰富的文化遗产和艺术品,让人们更好地了解历史和文化。此外,公共体育设施和公园也为市民们提供了锻炼身体和放松心情的场所,有助于促进身心健康,提高生活质量。因此,公共建筑的重要性不仅在于其为人们提供的便利,更在于其对城市文化和社会发展的积极贡献。

2. 公共建筑的特点

1) 使用上的公共性、开放性

这种公共性和开放性使得公共建筑成为人们交流、互动和共享的场所,同时也方便了人们的出行和活动。

2) 功能上的多样性

不同类型的公共建筑针对不同的需求和目的,具备不同的功能和特点。比如,图书馆、博物馆、学校等公共建筑,拥有着不同的功能和服务,为人们提供了不同的知识和文化体验。

3) 人流交通的大量性

由于公共建筑的特殊性质,使得其人流量相对较大,需要考虑建筑内部的通道设计和空间规划,以便人们出行和活动。

4) 建筑结构复杂性

在满足多种复合建筑功能的同时,还需要考虑建筑的美观、安全和耐久性等方面,因此公共建筑的设计和施工需要更多的技术和经验。

5) 建筑风格的时代性

随着时代的发展和变化,公共建筑的建筑风格也在不断地演变和更新,以适应不同的社会需求和文化背景。

1.1.3 公共建筑空间组成

建筑是一门艺术与技术交叉的学科,与纯艺术(如绘画、诗歌、音乐等)不同。针对大众的公共建筑,尤其需要考虑其功能性。公共建筑是由各种功能空间通过交通空间组织而成的空间集合。因此,在进行建筑设计时,需要对各种功能空间进行分类,并通过流线来组织各种功能,以实现其使用特性。例如,对于一座医院而言,需要考虑手术室、病房、诊室等不同的功能区域,通过流线来组织这些区域,使其能够顺畅地连接在一起。同样,对于学校,需要考虑教室、实验室、图书馆等不同的功能区域,通过流线来组织这些区域,使学生和老师能够轻松地找到所需的资源。

空间可以分为自然空间与建筑空间,公共建筑空间主要包括辅助空间、目的空间。其中辅助空间包括交通空间、卫浴空间、设备空间等,目的空间包括办公空间、文化空间、餐饮空间、医疗空间等。

表 1-1 展示了不同类型的空间。通过对空间进行分类，可以更好地组织建筑功能，使其更好地服务于大众。对空间进行分类是建筑设计中非常重要的一步，可以为建筑师提供更好的指导和灵感，从而创造出更好的建筑作品。

表 1-1 空间类型

自然空间		建筑空间		
无组织的外部空间	有组织的外部空间	非公共建筑功能空间	公共建筑功能空间	
			辅助空间	目的空间(各类功能性场所)
森林 湖泊 山脉 冰川 ……	城市 街道 广场 庭院 ……	居住建筑空间 工业建筑空间 农业建筑空间 军事建筑空间 ……	交通空间 卫浴空间 设备机房	办公空间:办公室、会议室、报告厅 文化空间:展厅、教室、阅览室 餐饮空间:食堂、酒吧、餐厅、厨房 医疗空间:手术室、病房、急诊室

公共建筑的功能分区既要满足不同分区之间相对独立的使用要求，又要满足各个部分使用中相互联系的要求。

对于功能比较简单的公共建筑，在进行设计之前应该运用逻辑思维将建筑功能性房间进行抽象的图解表述。这样做是为了更好地理解它们之间的配置关系。因此，设计师应该关注的不是房间的大小或形状，而是它们之间的相互连接。为了表示这些功能分区，可以使用泡泡图(图 1-1)或框架图:其中“泡泡”代表房间，“连接线”则代表它们之间的关系。这样，可以更好地理解房间之间的功能配置，以便更好地满足用户需求，也可以更好地控制建筑物的整体布局。

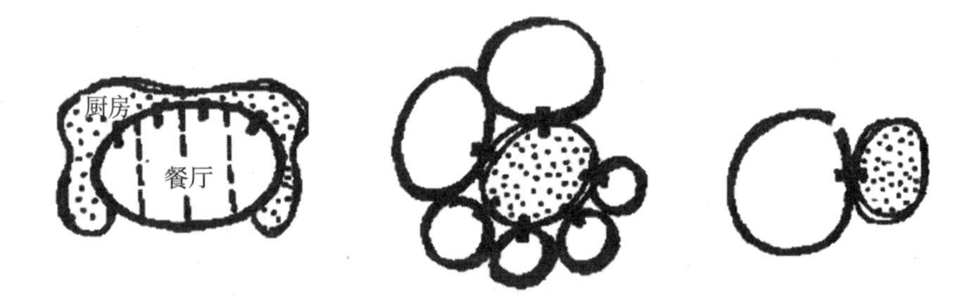

图 1-1 功能分区泡泡图

1.2 公共建筑的外部环境布局

建筑通常是建立在特定的基地上，周围环境也可能是建筑群的一个组成部分。建筑与周围环境之间存在着各种功能联系，同时也共同构成了地段上的景观。因此，建筑设计不仅包括单体建筑本身，还应当同时考虑如何优化外部的总体环境布局。

建筑工作者的任务不仅是通过构思创意和设计技巧创造美丽的建筑，更是为人们创造美好的环境。这种环境应该具备科学、技术和艺术的内涵。众所周知，人类天生追求美好的环境。而优美的环境，无论是形式还是内在品质，都是国家、城市、乡镇最突出和最鲜明的标志之一。然而，美丽并不等同于艺术。如果要将美升华为艺术，人们需要不断探索和精心创作。因此，公共建筑的环境艺术总是将“生活环境”和“视觉艺术”联系起来。这更加明确了公共建筑的基本特性。作为建筑师，在开始创作公共建筑时，首先要解决总体环境布局的问题。因此，一幢好的公共建筑设计应该将室内外的空间环境相互联系、相互延伸、相互渗透和相互补充，构成一个统一而又和谐完整的整体空间体系。在创造室外空间时，需要考虑内在因素和外在因素。公共建筑本身的功能、经济和美观问题属于内在因素，而城市规划、周围环境和地段状况等方面的要求则属于外在因素。

在进行室外空间组合时，内在因素常常表现为功能与经济、功能与美观以及经济与美观的矛盾。这些内在矛盾的不断出现和解决，往往是室外空间组合方案构思的重要依据。通常，这些内在因素所引起的矛盾和解决方法可以是多种多样的。究竟选择哪种方式较好，需要结合外在因素的具体条件和多种因素进行综合考虑和推敲。这就是经常说的要“因地制宜、因时制宜和因材制宜”，才能找到较为理想的空间组合方法。因为合理的室外空间组合，不仅可以解决室内各个空间之间的适宜联系方式，还可以从总体关系中解决采光、通风、朝向、交通等方面的功能问题和独特的艺术造型效果。此外，有机地处理个体与群体、空间与体形、绿化与小品之间的关系，使建筑的空间体形与周围环境相互协调，不仅可以增强建筑本身的美观性，还可以丰富城市环境的艺术面貌，实现合理的布局和用地，产生较好的经济效益。

1.2.1 外部环境空间与建筑

一般公共建筑室外环境空间的构成，主要依据建筑或建筑群体的组合。此外，道路、广场、绿化、雕塑以及建筑小品等也是不容忽视的重要因素。因此，在室外环境空间中的建筑，特别是主要建筑，常位于明显而又主要的位置。当形成一定的格局后，会对其他各项因素加以综合性的布局，使之构成一个完整的室外空间环境。

通常来说，主体建筑会形成室外空间构图的中心。其附属建筑是室外空间组合的一部分。例如体育类公共建筑，具有集散大量人流的特点，而这一特点既是室内空间组合的内在因素，同时也是考虑室外空间组合的重要依据，因而常在体育建筑周围设置相当规模的室外疏散空间和停车场地，只有在满足这个基本要求的基础上，才能考虑配置绿化小品、灯杆、路标等设施。

通过组合形成的室外环境空间，应体现出一定的设计意图和艺术构思，特别对于某些大型而又是重点的公共建筑，其室外空间需要考虑观赏的距离和范围，以及建筑群体艺术处理的比例尺度等问题。

例如，天安门广场，是以天安门为广场中轴线的中心，在中轴线上布置了高耸的人民英雄纪念碑和雄伟庄严的毛主席纪念堂，并与正阳门相对应，显示其广场的宽阔和有节奏的尺度变化，再加之东西两侧的人民大会堂和国家博物馆，使广场围合成为大尺度的空间。

同时，天安门至人民英雄纪念碑之间，深长而宽广的砌石广场铺地与周围松柏绿地的围合处理，使室外空间的艺术效果更加突出。

又如意大利威尼斯的圣马可广场（图 1-2），因建筑与空间组合得异常得体，达到了无比完整的效果。这个广场空间环境在统一布局中强调了各种对比的效果，如窄小的入口与开敞的广场、横向矗立的建筑与竖向挺拔的塔楼、端庄严谨的总督宫与神秘色彩的教堂，采用了一系列强烈的对比手法，使广场空间环境给人以既丰富多彩，又完整统一的感受。

图 1-2　圣马可广场

另外，在近现代的建筑实践中，国外不少城市的商业中心布局、各种商店建筑体形的处理，常与人们的活动空间有机配合，构成统一和谐的室外空间整体。这种在特定条件下形成的空间环境氛围，正是人们行为心理所需求的物质与精神上的场所。其他类型的公共建筑所形成的总体空间环境氛围，同样满足人们行为心理上的需求，并且是单体公共建筑创作构思过程中极为重要的一环。

1.2.2　室外环境的空间与场所

由于各种公共建筑的使用性质不同，所要求的室外场地的空间也不同，通常可划分为四类，即集散广场、活动场地、停车场地、服务性院落。

1. 集散广场（开敞的空间场所）

公共建筑由于人流比较集中，其室外空间通常要求有比较开阔的场所，形成一定规模的集散广场。其大小和形状应视公共建筑的性质、规模、体量、造型和所处的地段情况而定：影剧院、会堂、体育馆、火车站、机场等类型的公共建筑，因人与车的流量大并且集中，交通组织比较复杂，所以建筑周围需要较大的空间场所。旅馆、宾馆、商店等类型的公共建筑，其人流活动具有持续不断的特点，因而交通组织比较简单，所以场所的布局可紧凑些。对于要求有安静环境场所的学校、医院、图书馆等类型的公共建筑，虽然人流不甚集中，但为了防止噪声的干扰，往往需要安排一定的绿化场所作为隔离带。

在上述的公共建筑中，有的因为人流比较集中而要求比较空阔的场所，常形成一定规模的集散广场，而这种类型的广场往往根据各种流线的通行能力和空间构图的需要来确定其规模和布局形式。因为这类广场对城市面貌影响较大，同时在艺术处理上要求也较高，因此需要充分考虑广场的空间尺度和立体构成等构图的问题，为人们观赏建筑的景观提供良好的位置与角度。

2. 活动场地

有一些公共建筑，如体育馆、学校、幼儿园、托儿所等建筑类型，需要分别设置运动场地、活动场地等室外活动场地。这些活动场地与室内空间的联系是比较密切的。

3. 停车场地

停车场地主要包括汽车、摩托车和自行车的停车场。尤其在大型公共建筑中，各种车辆特别是小汽车的停车场，应结合总体环境布局，进行合理设计。

停车场一般要求尽量设在方便易找的位置，如主体建筑物的一侧或后侧，以不影响整体环境空间的完整性和艺术性为原则。

4. 服务性院落

常见的服务性院落主要有学校食堂、商场供货入口等。

1.2.3　室外环境的空间与绿地

在室外空间组合中，绿化系统对于美化环境的作用是比较突出的，在考虑绿化设计的时候，应尽量根据原有的条件，结合总体布局的构思创意，选择合适的绿化形式。有的公共建筑，需要采用小巧的庭院，运用绿化、水池、柱廊、假山、亭子及建筑小品等手法，以营造开朗欢快的气氛。

在绿化环境布局中，应根据公共建筑的不同性质，结合室外空间的构思意境，常使用各种装饰性的建筑小品，突出室外空间环境构图中的某些重点，强调主体建筑，丰富与完善空间艺术。因此，在比较显眼的地方，如主要出口、广场中心、庭园绿化焦点等处，设置灯柱、花架、花墙、喷泉、水池、雕塑、壁画、亭子等建筑小品，使室内外空间环境起伏有序、高低错落、节奏分明，令人有避开闹市喧嚣的飘逸之感。

这种过渡性的空间，似乎是进入室内空间前的序幕，在空间构图序列中非常重要。当然，建筑小品也不应滥用，而应巧妙地运用于环境空间布局中，以达到锦上添花的效果。

1.3 公共建筑的群体组合

公共建筑群体组合是指由多个公共建筑组成的空间结构。这种群体组合形式一般包括两个方面。首先，某些类型的公共建筑在特定的条件下（如地形特点、建筑性质等）需要采用比较分散的布局，因此产生了群体空间组合。其次，以公共建筑群组成各种形式的组团或中心，如城市中的市政中心、商业中心、体育中心、展览中心、娱乐中心、信息中心、服务中心以及居住区中心等的公共建筑群。

在考虑公共建筑群体组合时，需要注意多体形、多空间环境设计的多层次、多内涵的组合技巧。同时，还应该密切结合周围环境的特点，使周围环境与建筑群之间形成紧密配合。这种配合既能够强化建筑群的功能和形象，又能够使周围环境得到合理的利用和发挥。

除此之外，为了优化建筑群体组合，还需要考虑如何在室外空间布局方面进行改进，以达到合理的空间布局和优美的艺术氛围。这样的设计探索和追求是建筑师在设计公共建筑群体组合时应该追求的目标。

1.3.1 建筑群体组合的任务

建筑的群体组合是指把若干幢建筑相互结合组织起来，成为一个完整统一的建筑群体。组合所形成的室外环境空间应该具有一定的设计意图和艺术构思，尤其是对于一些大型而且是重点的公共建筑。在设计这些空间时，需要考虑观赏距离和范围，以及建筑群体艺术处理的比例尺度等问题。此外，建筑的群体组合也可以为人们提供更多的功能和便利。例如，在一个商业区，建筑群体可以提供更多元的购物和娱乐休闲选择。因此，在设计建筑的群体组合时，不仅要考虑室外空间的美观和艺术性，还要考虑功能性和便利性。

建筑群体组合是城市规划和建设中的一个重要环节，更是城市的一个有机组成部分。在这个过程中，需要考虑各种具体的环境条件和城市规划的要求，以确保最终的建筑群体组合能够与周围环境相协调，同时满足城市居民的生活需求。具体来说，建筑群体组合的任务主要有以下三个方面。

（1）统筹安排好地段内的各个建筑物、道路系统、管网系统、绿化以及各种场地，使之成为城市的一个有机组成部分。

（2）确定各个单体建筑的位置，以满足它们的功能要求和它们之间的功能联系，并且要确保它们都有良好的外部空间。在这个过程中，需要考虑到日照、通风、环境保护与安全等问题，以确保最终的建筑群体组合能够满足城市居民的需求。

（3）在整体规划的基础上，创造良好的空间形象，以满足人们精神功能的需要。这个过程需要从整体到局部，考虑到城市居民的需求，以确保最终的建筑群体组合能够满足人们的精神需求。

1.3.2　建筑群体组合的基本形式

建筑设计可以采用不同的形式进行组合，以实现不同的效果。下面是四种常见的组合形式。

1. 对称式

对称式建筑群体组合的显著特点是用一条主要轴线控制建筑组合布局，形成对称的或基本对称的平面与立面构图。主要轴线的对景，或是主体建筑，或是某种人文景观（如纪念碑）与自然景观（如山峰）。主要轴线的两侧，布置其他建筑以及绿化、建筑小品等；也可安排与之垂直的次要轴线，形成更复杂的空间构图。空间处理可以较封闭，也可以较开敞。一般来说，对称式组合容易取得均衡、统一、协调、井然有序、方向明确的效果，但处理不好就会显得呆板。

2. 自由式

自由式建筑群体组合是一种灵活自由的建筑形式，不受对称性控制。它可以根据地形和功能要求自由组合建筑。这种自由的设计方式可以创造出充满活力和创意的建筑群体。然而，设计者也需要注意避免过度的混乱和不协调。采用这种自由式的建筑设计，需要有一定的想象力和创造力，同时也需要对建筑的功能实现有深入的了解和把握，以确保建筑的实用性。

3. 庭院式

若干栋建筑围绕一个或若干个庭院进行布置，构成庭院式建筑群体组合。这种组合形式使各个单体在形式与功能上发生联系，形成一个建筑整体。庭院式组合可以提供一个独特且私密的环境，使人们能够在其中感受到更加丰富的空间。

4. 综合式

综合式建筑群体组合是一种将多种建筑样式组合在一起的建筑形式。它可以根据不同的情况，在不同的部位采用不同的建筑群体组合形式，从而形成一个综合式的建筑群体组合。这种建筑形式可以提供更多可能性，满足不同需求。

1.3.3　公共建筑常见的群体组合形式

1. 一般公共建筑

公共建筑因其类型繁多，难以从理性角度客观地区分各种组合形式。因此，如何选择适合的组合形式需要根据具体情况而定。

一般情况下，如果要求限制性较小，且室外和室内空间希望构成一个比较严整统一的整体，可以考虑采用对称式布局。这种组合形式可以更好地满足公共建筑对城市空间的需求，使之与周围环境相协调。

如果功能关系密切，地形较复杂，可以采取自由式布局，以便更好地发挥建筑的功能效益。在这种布局方式下，建筑之间的关系更加灵活，可以根据需要进行调整。

当各个功能关系紧密且互相依存时,可以采用庭院式布局。这种布局方式下,建筑的各个部分可以更好地协调,营造出更加和谐的空间氛围。

在考虑更为复杂的组合形式时,可以综合考虑各种因素,采用综合式组合布局。这种布局方式下,建筑之间的关系更为复杂,需要更加灵活的设计方案来实现。

综上所述,选择合适的组合形式需要根据具体情况而定,需要综合考虑各种因素,以便更好地实现公共建筑的功能需求。

2. 沿街建筑

沿街建筑与道路、绿化共同形成街道景观,建筑之间的功能联系一般较少。其组合形式包括全条街组合与半条街组合。沿街建筑的排列方式包括封闭式、半封闭式和开敞式(图 1-3)。

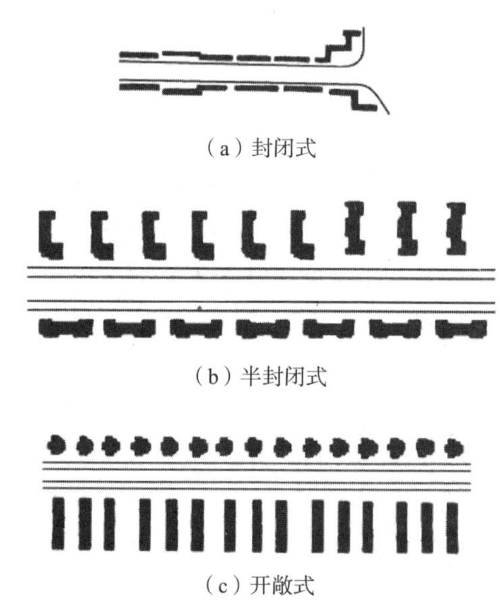

(a) 封闭式

(b) 半封闭式

(c) 开敞式

图 1-3　沿街建筑的排列方式

封闭式建筑排列,可以形成完整的沿街界面,是一种常用的沿街界面的设计形式,其缺点是建筑之间的间距较小,内部建筑群组的采光、通风的条件较差。然而,通过添加屋顶花园或通风窗户等开放式设计元素,可以改善封闭式组合的内部环境。

半封闭式建筑排列,显得街道较为疏松。但是,通过增加公共绿化带或灰空间,可以增强半封闭式组合的社交和文化价值。

开敞式建筑排列间距较大,对沿街街道氛围的塑造不利。在开敞式排列中,可以添加雕塑、艺术装置或其他公共艺术品,以提高街道的视觉吸引力和文化价值。

3. 公共活动中心

为了便于开展某种大型的社会性活动,常将某些性质上较接近的公共建筑集中在一起,形成某种公共活动中心,如商业贸易中心、文化娱乐中心、艺术中心、体育活动中心等。这些中心的组合形式很多,一般以广场和水体为构图中心。外部空间有大有小,有疏有密,相互穿插。车行系统与人行系统划分明确。设计上要注意以下几个问题。

（1）明确功能分区和主从关系，并常以广场、绿化、水面、纪念性建筑、主体建筑为构图中心进行群体布置，以形成有机统一的整体效果。

（2）建筑群体造型既要考虑相互协调，又要与其他建筑群有区别，要构思新颖，空间形象具有独创性。

（3）在设计构思中不仅要处理好建筑、道路等要素，还应处理好广场、绿化、水面以及建筑小品的配置，以便最终形成良好的总体效果。

1.4 建筑群体组合设计手法

建筑群体组合是将各个分散单体按照一定的功能顺序和结构关系，结合场地与城市的实际条件，遵循一定的组合方法和艺术处理原则，集合成为整体的过程。

1.4.1 统一与变化的原则

统一与变化是形式美最基本的规律，是建筑设计中至关重要的一环。为了达到视觉上的一致性，建筑设计师常用以下几种方法来完成形式的一致，包括利用构图控制轴线求统一、通过向心求统一、以体型类同求统一以及以风格一致求统一。这些方法各具特色，应根据建筑的性质和场地特点来选择合适的方法。

（1）利用构图求统一是一种常见的方法，对称式布局可以使对称轴线明显，秩序感强。而非对称式布局则通常使用局部轴线对称的方式达成统一的构图，若在端部对景处布置一栋建筑，则可以帮助强调这种布局形式。需要注意的是，非对称式布局的适应性强，但应注意转折处的衔接关系。

（2）通过向心求统一是另一种常见的方法，建筑群环绕围合中央的广场、水面、雕塑、景观等布置，较容易形成统一。这种方法特别适合大型建筑群的设计，如城市综合体和城市广场等。

（3）以体型类同求统一是一种更加细致和精确的方法，即使各栋建筑都有自己的特色，但仍能因为一部分体型的统一达到视觉上的一致性。这种方法常常在建筑细节的设计中得到运用，同时也可以在建筑的整体规划中使用。

（4）以风格一致求统一是一种更加艺术性的方法，风格是指建筑体现出来的艺术特色。各个建筑风格一致，也会在建筑之间形成一种认同感，从而使建筑群实现统一。这种方法在文化建筑和主题公园等场所的设计中得到广泛运用。

建筑群体组合必须协调统一，但过分统一而缺少变化则会呆板平庸，所以在统一中要求有所变化。求变化的方法主要有两种：一种是在建筑群体中设置一个对比强烈的建筑，形成“活跃元素”；另一种是各个建筑造型大体一致，而在建筑细节上作出变化。在统一与变化这一对矛盾中，孰强孰弱，应视建筑群的性质而定。例如，住宅群为取得平和、安宁的效果，统一的因素要多一些，而商业中心应活跃、热烈，变化的因素就不妨多一些。

在建筑设计中，统一与变化的处理是一个复杂的过程，需要考虑建筑的功能、风格和环境等多个因素。只有通过合理的统一和变化设计，才能打造出具有艺术感和实用性的建筑群体。

1.4.2 处理新旧建筑的关系

在一个建筑群中，新旧建筑同时存在往往是不可避免的。因此，在设计中建立协调关系非常重要，应避免新旧建筑格格不入。常用的处理手法有以下五种。

（1）相似和谐。新建筑与旧建筑风格相似，或者某些构图手法相似，甚至是装饰与色彩相似。这些相似之处有可能在新旧建筑之间建立一种文化联系，从而实现和谐。相似和谐的处理手法可以在新旧建筑之间形成一种协调的关系。

（2）对比和谐。通过适当运用对比手法来实现。例如曲直、虚实、高低、大小、方向等对比都有可能在新旧建筑之间建立一种矛盾统一的关系，从而实现和谐。通过对比手法，新旧建筑之间的冲突可以被转化为一种协调的关系。

（3）渐次变化。在两个差异过大且很难建立统一关系的新旧建筑之间，可以插入“中性建筑”，即同时具有新旧建筑某些特征的建筑。这种建筑可以实现渐次变化，从而避免新旧建筑之间格格不入的问题。通过中性建筑，新旧建筑之间的差异可以被逐渐缩小，从而实现协调。

（4）加大距离。加大新旧建筑之间的距离，利用空间淡化两者之间的矛盾冲突。如果在这个空间中种植树木，可以进一步增强空间的层次感和自然感，从而使新旧建筑之间的冲突更加淡化。通过加大距离，新旧建筑之间的差异可以被消弭，从而实现协调。

（5）设置连续体。例如，用柱廊或围墙将新旧建筑连接起来，甚至使连续体穿插在新旧建筑之间，从而加强了两者之间的联系。通过连续体，新旧建筑之间的差异可以被逐渐消除，从而实现协调。

在新旧建筑共存的场景中，建立协调关系非常重要。通过相似和谐、对比和谐、渐次变化、加大距离和设置连续体等处理手法，可以实现新旧建筑的协调，营造出更加和谐的建筑环境。

1.4.3 空间组合效果的推敲

建筑群体的艺术效果主要是通过视觉来感知的，因此，建筑群体的空间组合应该注重视觉分析。观赏建筑群体可以分为静观和动观两种。在空间设计时，应有意识地组织好动观路线和静观停顿点，并根据视觉要求安排好建筑的比例和尺度。例如，当要求完整地观赏一个建筑立面时，观赏距离应大于或等于立面的长度，最佳水平视角为54°左右；在观赏建筑群体时，最佳竖直视角为18°；观赏单个建筑时，最佳竖直视角为27°；观赏建筑的最大竖直视角为45°，过大会产生透视变形，并导致视觉疲劳。

建筑群体空间组合的要素包括道路、绿化、建筑、环境小品及各种用途的场所，以建筑最为重要。在满足功能的前提下，需要反复推敲以创造良好的整体形象。常见的推敲方法包括图底反转法、鸟瞰图与轴测图法。在常见的建筑群总体平面布置图(图1-4)基础上把实体与虚体反转过来,从一个新的视角去判断建筑与空间的关系,即图底反转法(图1-5)。使用鸟瞰图和轴测图(图1-6)可以从三维的角度看建筑群,可以更直观有效的表达,看出更深层次的问题。

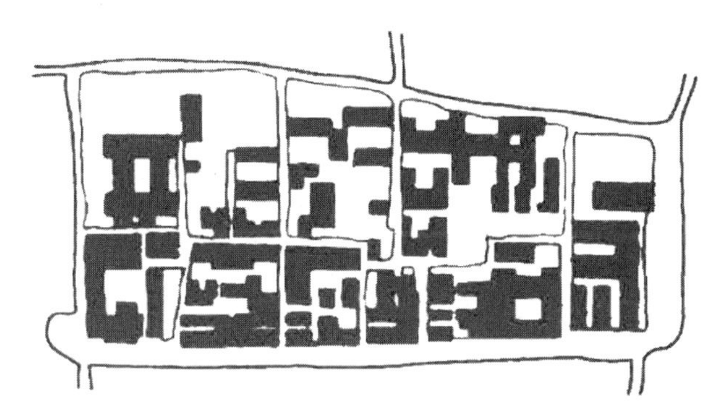

图1-4　某建筑群总体平面布置图

图1-5　某建筑群总体布置黑白反转表达

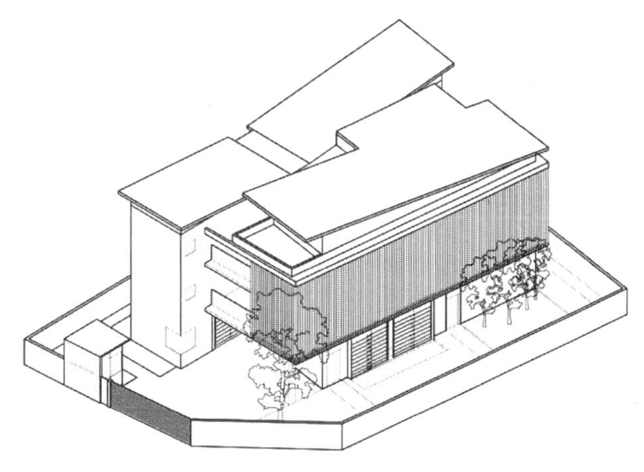

图1-6　吉隆坡某独立住宅轴测图

学习笔记

课后思考

1. 如何进行建筑群体组合？

2. 如何绘制功能泡泡图？

第2章 公共建筑的功能关系与空间组成

学习目标

1. 了解公共建筑的空间分类。
2. 了解公共建筑中功能分区的要求。
3. 了解不同类型建筑的空间组合方式。
4. 了解不同类型建筑的流线组织方式。

2.1 公共建筑的空间组成

建筑空间是人为地使用各种物质材料和技术手段，从自然空间中分离出来，并围合而成。建筑空间是建筑设计的主角。在建筑空间内，人们可以进行各种活动，如休息、工作、学习、娱乐等。因此，建筑空间的设计需要考虑到使用者的需求以及空间的功能。

公共建筑则是人们进行社会活动的场所，如学校、医院、剧院等。与其他建筑类型相比，公共建筑的人流量通常较大，因此，需要考虑到人流集散的性质、容量、活动方式以及对建筑空间的要求。不同类型的公共建筑也会有不同的设计要求，如医院需要有足够的房间容纳病人，还需要有诊室、手术室等。

单一建筑空间是组成建筑空间的基本单元，即通常所说的房间。公共建筑空间的使用性质与组成类型虽然繁多，但按其在建筑中的作用与地位，其空间可分为主要使用空间、辅助使用空间和交通联系空间三种。这三种空间相互独立，又相互联系，并具有一定的兼容性。主要使用空间是最重要的空间，如教室、病房等。辅助使用空间则要为主要使用空间提供支持，如厨房、洗手间等。交通联系空间是将主要使用空间和辅助使用空间联系成为有机的建筑整体空间，如门厅、走廊等。因此，在公共建筑的设计中，需要考虑到这三种空间的兼容性以及它们之间的联系。

2.1.1 主要使用空间

主要使用空间是指最能反映建筑物功能特征的房间，如中小学校的教室、实验室、办公室(图 2-1)，影剧院的观众厅，百货商店的营业厅等。建筑空间设计受到许多因素的规定性影响。其中包括“量”的规定性，如空间大小；“形”的规定性，如空间的形状和比例；“质”的规定性，如采光、通风、疏散以及经济合理性、艺术性等。以下是影响室内空间设计的一些因素。

图 2-1　某办公楼室内休闲空间

1. 功能要求的影响

不同使用性质的房间通常采用不同的空间形式。同类型的房间，由于使用特点不同，也会产生差异。

2. 人体尺寸与家具布置的影响

室内空间形状和尺寸应与人体尺度相适应。当人站立或静坐时形成尺寸的静态配合。当人行走或使用家具设备时将产生功能尺寸，它的配合是动态的。家具、设备的布置方式、数量、位置及个体尺寸对室内空间尺度、空间利用具有直接影响。家具是室内空间和人之间的一种媒介，它通过形式和尺度在室内空间和人之间形成一种过渡。

3. 人流活动路线和安全疏散的影响

室内人流活动路线与家具、设备的布置及使用这些家具、设备所需的功能尺寸有关。一般要求流线明确，避免交叉和斜穿，以节约交通面积，提高面积使用率。人流路线还应与人的行为模式相适应。

4. 天然采光与通风的影响

我国大多数房间的设计仍采用天然采光和自然通风。为了使室内达到一定的采光标准，应具有一定的采光面。为了通风需要，应合理组织空气气流。不同性质的房间和不同的自然气候条件，对采光和通风的要求不同。此外，窗口的大小、位置和形式还决定着室内空间与室外环境的隔离程度，并在一定程度上影响室内空间的尺度感。

5. 室内环境系统的影响

室内环境系统为改善室内环境质量所提供了保证，包括采暖与空调系统、给水与卫生排污系统、电气与照明系统、声学与噪声控制系统等。所采用的设备必然要占有一定的空间。各种管线，采用明敷或暗敷，其占用空间的方式是不同的。

6. 建筑结构的影响

房间的设计应同时考虑采用经济合理的结构形式，并考虑这些构件对空间的占用。新材料、新结构的采用，为设计大跨度和灵活多变的空间提供了可能。

7. 建筑艺术要求的影响

在满足功能的前提下，房间还应具有美的形式，以满足人们的审美要求。体量、形状、尺度、比例、光照及装修处理等都是使室内空间具有美的形式的基本要素。不同使用要求的房间应采用不同的艺术处理手法。

2.1.2 辅助使用空间

公共建筑中的辅助使用空间是指厕所、盥洗室、浴室、通风机房、水泵房、配电间、储藏间等。这些空间虽然不是建筑的主要功能区域，但也是非常重要的，因为它们保证了建筑的正常运转和使用。例如，厕所、盥洗室和浴室是人们生活中必不可少的部分，而通风机房、水泵房和配电间则是建筑设备的重要组成部分。储藏间则可以用来存放建筑材料、清洁用品等。因此，在设计公共建筑时，辅助使用空间的合理规划和布局同样需要足够的重视和关注。

2.1.3 交通联系空间

在建筑空间设计中，交通联系空间是不可或缺的一部分。无论是空间的使用部分与辅助部分之间，主要使用部分与次要使用部分之间，辅助部分与辅助部分之间，楼上与楼下之间，室内与室外之间等，都离不开交通联系空间。

一般来说，出入口、通道、过厅、门厅、楼梯、电梯、自动扶梯等都被称为建筑的交通联系空间。为了使建筑空间合理，除了需要充分考虑使用空间的布置外，还应考虑使用空间与交通空间之间的配置关系是否适当，交通联系是否方便等问题。交通联系空间的形式、大小和部位，主要取决于功能关系和建筑空间处理的需要。所以一般交通联系部分要求有适宜的高度、宽度和形状，流线简单明确而不曲折迂回，能对人流活动起着明确的导向作用。此外，交通联系空间应有良好的采光和照明，并应重视安全防火等问题。概括起来，公共建筑的交通联系部分，一般可分为水平交通、垂直交通及枢纽交通三种基本的交通联系空间形式。

1. 水平交通联系空间

水平交通联系空间的布局应与整体空间密切联系，要直接、通顺，防止曲折多变，具备良好的采光与通风。按使用性质的不同，可分为下列几种情况。

(1) 基本属于交通联系的过道、过厅和通廊。如旅馆、办公楼等建筑的走道和电影院中的安全通道等是供人流集散使用的，一般不应再设置其他功能要求的内容，以防止人流停滞而造成阻塞的后果。

(2) 主要作为交通联系空间兼为其他功能服务的过道、过厅或通廊。如医院门诊部的宽形过道可兼供候诊之用，学校的过道或过厅可兼做课间休息的活动场所等。

(3) 各种功能综合使用的过道与厅堂。如某些展览馆陈列厅等建筑的过道，一般应满足观众在其中边走边看的功能。又如园林建筑中的通廊，应满足漫步休息与观赏景色的要求。

水平交通联系空间的布置应从全局出发，在满足功能要求的前提下，结合空间艺术构思的需要，力求减少通道、厅堂的面积和长度，这样不仅可以使空间组合紧凑，还可以带来一定的经济效益。例如，整体空间组合中，适当缩小使用开间、加大深度；充分利用走道尽端作为较大的房间；或在走道尽端安排辅助楼梯等措施，皆能达到布局紧凑、缩短通道的目的。

2. 垂直交通联系空间

在公共建筑的空间组合中，作为垂直交通联系的手段，常用的有楼梯、坡道、电梯、自动扶梯等形式。

(1) 楼梯：公共建筑中的楼梯位置和数量，应根据功能要求和防火规定，安排在各层的过厅、门厅等交通枢纽或靠近交通枢纽的部位。

(2) 坡道：有的公共建筑因某些特殊的功能要求，需要设置坡道，以解决交通联系的问题。尤其是交通性质的公共建筑，常在人流疏散集中的地方设置坡道，以利于安全快速疏散的要求。

(3) 电梯：当公共建筑层数较多（如高层旅馆、办公楼等），或某些公共建筑虽然层数不高但因某些特殊的功能要求（如医院、疗养院等），除布置一般的楼梯外，尚需设置电梯以解决其垂直升降的问题。

(4) 自动扶梯：在一些大型公共建筑中，往往因为人多而集中的特点，常选择具备连续不断承载人流的自动扶梯，借以解决人流疏散问题，如百货公司、地铁站、铁路旅客站、航空港等。

3. 枢纽交通联系空间

考虑到人流的集散、方向的转换、空间的过渡以及与通道、楼梯等空间的衔接等，需要设置门厅、过厅等空间形式，以起到交通枢纽与空间过渡的作用。公共建筑的主要入口部分是空间组合的咽喉要道，既是人流汇集的场所，也常是空间环境设计的重点。例如，旅馆的交通枢纽处常设接待、住宿、用餐、乘车、邮电等服务空间；医院的交通枢纽处常设接待病人、挂号、候诊、收费、取药等空间；火车站的交通枢纽设有问讯、售票、邮电、小卖部等活动空间；而在演出建筑的交通枢纽中，常设有售票、存衣、检票、休息等内容的空间。因此，一般公共建筑中的门厅部分，除去需要考虑人流集散所需要的空间外，还需要根据公共建筑的性质，设置一定的辅助空间。一般公共建筑的门厅空间环境还有一个室内外的过渡问题。这种过渡性的空间，通常可以形成为门廊、雨罩等形式，并与室外平台、台阶、坡道、花池、雕塑、叠石、矮墙、绿化、喷水池、建筑小品等结合起来考虑。

总之，门厅出入口部分是过渡性的空间，也是公共建筑空间组合的重点。在进行空间环境设计构思时，应满足使用方便、空间得体、环境优美、装修适宜、技术合理、经济有效等方面的要求。

2.2 公共建筑的功能分区

在进行设计构思时，除了需要考虑空间的使用性质外，还应该深入研究功能分区问题。尤其是在功能关系与空间组成比较复杂的情况下，更需要按不同的功能要求对空间进行分类，并根据它们之间的密切程度进行划分，以实现功能分区明确和联系方便。同时，还应该分析主次、内外、闹静等方面的关系，使不同要求的空间都能得到合理的安排。

不同类型的公共建筑对空间环境的要求存在差别，这种差别反映在它们的重要性上，有的处于主要地位，有的则处于次要地位。在进行空间组合时，应该有主次之分，包括位置、朝向、采光和交通联系等方面。因此，应该将主要使用空间布置在主要部位上，将次要使用空间安排在次要位置上，使空间的主次关系各得其所，相得益彰。例如，中学建筑通常包括教室、音乐室、实验室、行政办公、辅助房间和交通联系空间等几个不同性质的组成部分。从使用性质上看，教学部分应该居于主要部位，办公次之，辅助部分再次之。这三者在功能上应该有明确的划分，以防止干扰。但是这三部分之间还应该保持一定的联系，在功能区分明确的基础上进行考虑。

建筑空间组合的主次关系，反映在其他类型的公共建筑中也是如此。如商业建筑，在分清主次关系的基础上，在总体布局中，应把营业大厅布置在主要的位置上，而把办公、仓储、盥洗等布置在次要的部位，使之达到分区明确、联系方便的效果。另外，有些组成部分虽系从属性质，但从人流活动的需要上看，应安排在明显易找的位置上。功能分区的主次关系，应与具体的使用顺序密切结合，才能解决好这个问题。又如公共建筑中的辅助部分——厕所、盥洗室、贮藏室、仓库等，这些次要部分是相对于主要部分而言的，并不是说它们不重要，可以任意安排。相反，应从全局出发，进行合理的解决。从某种意义上说，公共建筑中的主要空间能否充分发挥作用，是和辅助空间配置得是否妥当有着不可分割的关系。如影剧院中的厕所，若安排不当的话，不仅给观众带来不便，甚至还会影响观众厅的秩序和演出的效果。同样道理，一个图书馆建筑，尽管阅览室的位置、大小、座位、朝向、采光、隔声等功能居于主要的位置，但是如果书库的位置、容量等功能考虑不周的话，仍然会造成主次空间之间的矛盾。

对于各类组成空间的使用性质，有的功能以对外联系为主，而有的则与内部关系密切。所以，在考虑空间组合时，应妥善处理功能分区中的内外关系问题。例如行政办公建筑，各个办公用房基本上是对内的，而接待、传达、收发等科室的功能，主要是对外的。因此，按照人流活动顺序的需要，常将主要对外的部分，尽量布置在交通枢纽的附近，而将主要对内的部分，布置在比较隐蔽的部位，并使其尽可能地靠近内部的区域。另外，功能分区的内外关系，不仅限于单体建筑，还应结合总体布局、室外空间处理予以综合的考虑。例如，运用庭园的绿化、道路、矮墙等建筑小品作为手段，把功能分区“内”与“外”的关系，解决得比较自然而又适用。

另外，从空间与空间之间的联系与分割的对立统一观念中，引申分析功能分区的问题。即在各类公共建筑中，不同使用性质的空间之间，反映在功能关系上，有的要求密切些，有的要求疏远些。因而在分析功能关系的问题时，应当分析哪些部分需要紧密联系，哪些部分需要适当的隔离，而哪些部分既要联系又要有一定的隔离。在深入分析的基础上，使功能分区得到合理安排，才能为建筑空间组合工作打好基础。

2.2.1 建筑功能分区的概念

建筑功能分区的概念是将空间按不同的功能要求分类，并根据它们之间的联系加以组合和划分，以更好地利用空间，让不同的功能区域各得其所。在建筑设计中，功能分区是一个非常重要的概念，它的出现是为了让建筑空间得到最佳的利用。通过将空间区分为不同的功能区域，并将它们组合、划分，可以让每个功能区域都得到最佳的使用效益。

使用空间的功能要求包括朝向、采光、通风、防震、隔声、私密性及联系等。各使用空间的功能关系包括使用顺序、主次关系、内外关系、分隔与联系的关系、闹与静的关系等。这些要求和关系需要在功能分区的设计中得到充分考虑。

在功能分区的原则中，分区明确、联系方便是其中最为重要的两点。通过将空间进行分类，并按主、次、内、外、闹、静等关系进行合理安排，使各个区域各得其所。同时，还需要根据实际使用要求，按人流活动的顺序关系安排位置。

在空间组合和划分的过程中，要以主要空间为核心，并注意次要空间的安排，以利于主要空间功能的发挥。对于外部联系的空间，应尽量靠近交通枢纽，以便人们来往；而内部使用的空间则应相对隐蔽，以保障私密性。最后，在深入分析的基础上，恰当地处理空间的联系与隔离，以最大限度地发挥空间的使用效益。

除了以上原则，功能分区的设计还需要考虑建筑的实际情况，如地理位置、周边环境和建筑类型等。在功能分区的设计中，还需要考虑不同功能区域之间的协调性和一致性，以确保整个建筑的功能得到充分发挥。

功能分区是建筑设计中非常重要的一个概念。通过将空间按不同的功能要求进行分类，并根据它们之间联系的密切程度加以组合、划分，可以让建筑空间得到最佳的利用。在功能分区的设计中，需要考虑各种功能要求和关系，并根据实际情况进行合理的安排。只有满足这些要求，才能设计出功能合理、使用效益最大的建筑空间。

2.2.2 建筑功能分区的方法

建筑功能分区的方法可以通过以下几个步骤实现。

(1) 在建筑平面图上用圆圈或方框表示建筑的使用空间(图 2-2 和图 2-3)，然后使用不同的线型、线宽、箭头来表示出不同的联系性质、频繁程度和方向。例如，可以使用实线表示主要通道，虚线表示次要通道，箭头表示流线，这样可以清楚地表达建筑的功能分区。

(2) 通过使用色彩图例表达建筑的动静、内外等方面的特征。例如，可以使用深浅不同的颜色表示建筑内部的不同区域，使用红色表示建筑外部的区域，这样可以更加生动形象地表达建筑的功能分区。

(3) 在框图内加上图例和色彩，表示建筑的闹静、内外、分隔等要求。例如，可以在框图内使用不同颜色的图例表示建筑内部的不同区域，使用不同的箭头和线型表示建筑的联系和分隔等要求，这样可以更加全面地表达建筑的功能分区。

通过这些方法，可以更加清晰地表达建筑的功能分区，使得建筑的使用更加便捷和灵活。

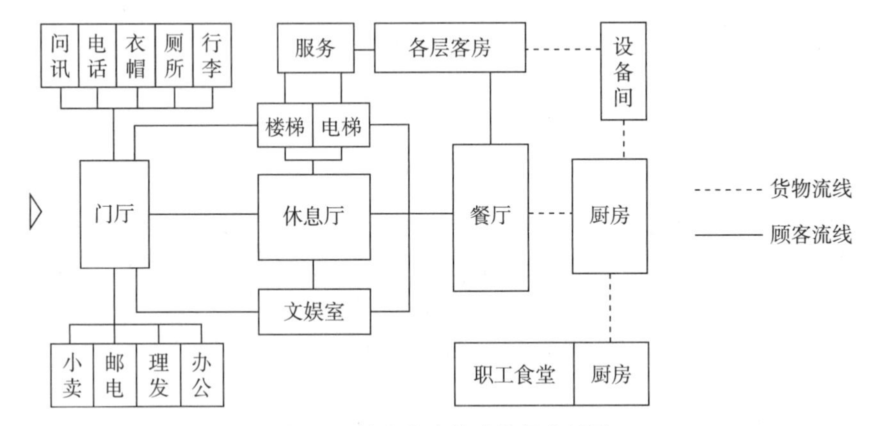

图 2-2　某商业建筑功能框分析图

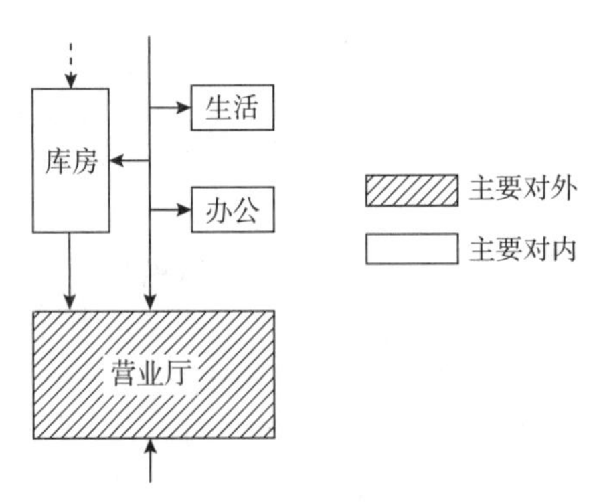

图 2-3　旅馆功能分析图

对于功能较复杂的建筑，可以按照从大到小的顺序进行功能分区。每个功能组团由若干个使用空间组成，这些使用空间彼此密切相关，为同一功能服务。将这些功能组团进行功能分区，并将它们布置在相应的建筑区域中。在各个功能组团中进行功能分析，确定每个使用空间的布置。功能分析是一个不断深化和调整的过程。建筑功能分析往往比较复杂，存在很多矛盾，建筑空间组合应该根据不同的建筑类型和所处的具体条件进行综合分析。

2.2.3　建筑功能分区的综合研究

建筑的功能往往是非常复杂的，并且存在许多相互矛盾的要求。因此，在确定每个使用空间的相对位置时，需要进行全面的综合研究，以便充分考虑各种因素。以下是一些可以做出更全面分析的建议。

1. 侧重于流线的研究

在设计交通建筑和生产性建筑时，流线是至关重要的。因此，应该根据人流、货流和车流的不同要求，将各种使用空间按照一定的顺序排列并加以区分。例如，在设计汽车客运站时，应将旅客流线、车辆流线和行李流线分开，并且把旅客流线中的进站流线和出站流线分开表示。

2. 侧重于单元内的功能研究

许多城市住宅都是按照单元式组合而成的。在这种情况下，不同单元之间的功能联系很少，因此在进行功能分析时，应更加关注单元内各个使用空间的排列和布局。

3. 侧重于主要部分和主要使用空间的研究

在设计影剧院、商场等建筑时，主要部分和主要使用空间往往都非常明显，因此在进行空间组合时，应该以它们为中心，并且在功能分析中更加关注它们的安排。

4. 侧重于组和类的研究

医院等建筑可以将使用空间划分为几组或几类，并且这些组或类之间存在一定的功能联系。因此，在进行功能分析时，可以采用多级分析法，全面考虑各种因素。

5. 侧重于重复空间组合的研究

集体宿舍等建筑中，主要使用空间基本相同，并且相互之间没有主从或顺序关系，因此在进行功能分析时相对简单。但是，辅助使用空间的设置也需要进行考虑，以确保整个建筑的功能得到充分满足。

2.3　公共建筑的空间组合研究

在完成基地功能分区、基地总体布局和建筑功能分析等工作的基础上，可以进行建筑的平面组合与竖向组合，这是建筑设计的重要步骤。平面组合和竖向组合是密不可分的，因此应进行综合研究，以确保建筑空间的合理利用和设计效果的最大化。

在进行建筑的平面组合和竖向组合前，需要完成一系列的前期工作，包括基地的功能分区、基地总体布局和建筑的功能分析等。这些工作为空间组合提供了重要的依据和指导，同时也为建筑的平面组合和竖向组合奠定了基础。

具体而言，进行建筑的平面组合和竖向组合需要完成以下工作。

(1) 选择建筑空间平面组合、竖向组合的方式。建筑设计师需要根据建筑的功能、风格和需求等方面的要求，选择合适的空间组合方式，以实现建筑空间的高效利用和设计效果的最大化。

(2) 确定建筑的层数和层高。建筑设计师需要根据建筑的功能、需求和空间利用率等方面的要求，制定合理的建筑层数和层高，以实现建筑空间的高效利用和经济效益的最大化。

(3) 划分各层的房间组成，并进行平面布置。建筑设计师需要根据建筑的功能和需求，制订合理的房间划分方案，并在平面布置时考虑空间的利用率和流线的优化等因素，以实现功能布局的合理配置。

(4) 研究各种流线的组织，并安排好走道、楼梯、各种交通枢纽和出入口。建筑设计师需要考虑建筑空间的流线和交通组织，安排好走道、楼梯、交通枢纽和出入口等，以实现功能流线的合理配置。

(5) 安排墙、柱和门窗。建筑设计师需要安排墙、柱和门窗等构件，以实现建筑空间的结构稳定和功能性要求。

(6) 确定平面和剖面的主要尺寸，如房间的开间和进深、柱网的柱距和跨度、层高和净高等。建筑设计师需要根据建筑的需求和结构特点，确定建筑平面和剖面的主要尺寸，以保证建筑空间的结构稳定和功能性要求。

在进行建筑的平面组合和竖向组合时，必须遵循空间组合设计的各项原则。建筑空间组合应从粗到细，循序渐进，必要时也可对前面所做的设计工作做某些修正。建筑空间组合应进行多方案比较，选出最佳方案。同时，建筑设计师应注意工作方法和工具的选择，以提高工作效率和设计质量。

在建筑空间组合中，平面组合的工作量往往更大，因此应特别注意工作方法。常用的方法有模型法和作图法两种。所谓模型法，是将单一建筑空间设计时确定的各个房间(包括交通联系空间)按一定比例(如 1∶100)做成硬纸片模型，再按分层的功能分析图进行多次试拼，必要时还应修改模型形状后再试拼，将比较满意的摆法用透明纸描下来，形成各层的平面方案。所谓作图法，是先徒手按比例在草图纸(或衬有比例方格纸的透明纸)上作图，经修改后再用工具绘成平面图。

为了使平面组合尽快从无序走向有序，并满足结构布置与构图的需要，可采用网格法和几何母题法。所谓网格法，就是在平面布置大致确定后，在平面上建立网格，它既是确定结构布置的轴线，也是构图的控制线；然后调整各个使用空间的形状，使墙、柱位置尽可能与网格重合。建筑的不同部位可以有不同的网格，但一般应以某种网格为主。网格还可以按照图形构成的手法进行旋转、错位和变异，以丰富建筑的造型。所谓几何母题法，就是在平面布置大致确定后，用某种几何图形(如三角形、正六边形、圆形、扇形等)的组合作为结构布置和空间组合的控制线。建筑的不同部位可以建立不同的几何母题，但一般应以某种几何母题为主。建筑空间组合的成果是各层平面图和主要位置的剖面图。

建筑的平面组合和竖向组合是建筑设计中的重要步骤，需要综合考虑建筑的功能、需求、结构和美学等方面的要求，制定合理的设计方案，以实现建筑空间的高效利用和设计效果的最大化。

2.3.1 建筑层数与层高的确定

1. 确定建筑的层数

建筑层数的确定涉及多种因素，应根据具体情况进行选择。以下是一些常见的选择因素。

(1) 从功能要求出发确定层数。不同建筑的用途和使用对象不同，对建筑层数的要求也不同。例如，小学教学楼、医院门诊部、幼儿园等建筑物，使用者活动不便，且要求与户外联系紧密,因此,一般以 1～3 层为宜。

(2) 从城市规划要求出发确定层数。城市规划往往对各地段的建筑高度和层数作出规定。位于城市干道、广场、道路交叉口的建筑,对城市面貌影响很大,在城市规划中,往往对层数有严格的要求。

(3) 从节约用地的原则出发确定层数。建筑层数与节约土地的关系密切。层数多的建筑较层数少的建筑用地更节约。据有关调查资料表明,每公顷用地能建平房 4400m^2,而改建 5 层住宅可建 13000m^2,土地利用率可提高近三倍。

(4) 从技术、结构等要求出发控制层数。使用不同的材料,选用不同的结构形式,能够建造的建筑层数不同。建筑设备对建筑层数也有一定的影响。层数越多,施工技术越复杂,施工机械设备要求越高,建筑层数应与施工条件相适应。

2. 确定建筑的层高

建筑楼层的高度是指上下相邻两层楼(地)面之间的垂直距离。楼层高度的确定涉及多种因素,以下是一些常见的选择因素。

(1) 人、家具、设备的尺度,包括使用、搬运、检修家具设备的尺度。对于使用人数较多,房间面积较大的公用房间,如教室、办公室等,室内净高常为 3.0～3.3m。

(2) 根据空气流量和声学要求计算出的房间体积,进而影响到建筑层高的确定。室内通风换气涉及卫生要求,为了保证室内二氧化碳浓度低于一定水平,对一些使用人数多、无空调设备、又经常关闭门窗的房间,如影剧院观众厅,学校建筑中的教室、电化教室等,每人应占有一定容积的空气量。

(3) 根据天然采光要求推算出的房间净高与深度(或跨度)的比值。单侧采光的房间,其高度应大于房间进深长度的一半;双侧采光的房间,房间的净高不小于总进深长度的 1/4。

(4) 房间的设备条件。如有无电灯、空调、吊灯、手术室的无影灯、影剧院舞台的顶棚及天桥等。确定这些房间的高度时,应考虑到设备的尺寸。

(5) 从审美要求出发选择房间比例。室内空间的封闭和开敞、宽大和矮小、比例协调与否都会给人以不同的感受。如面积大而高度小的房间,会给人以压抑感;窄而高的房间又会给人以局促感。

(6) 经济因素。层高对建筑造价及节约用地影响较大,降低层高,可降低建筑总高度,减轻建筑物自重,减少围护结构面积,节约材料,有利于结构受力,还能降低能耗。

在确定楼层高度时,还应考虑有关单项建筑设计规范的要求,并按建筑模数协调标准加以调整。按照标准化的要求,民用建筑的层高模数宜采用 0.1m,即 100mm 的整倍数。当各个房间净高相差不大时,应适当调整,使同层层高相同,以简化结构与施工。

2.3.2 建筑空间的设计与利用

建筑内部空间设计是建筑设计中的重要部分,它需要满足人的物质和精神两方面的需求。有顶盖的空间通常被称为建筑内部空间,如办公室、会议室、餐厅、卧室等。相对而言,无顶盖的建筑空间被称为建筑外部空间,如庭院、花园、露台等。

1. 空间的围合与通透

建筑内部空间设计需要考虑多个因素，其中包括空间的围合和通透。围合是一种封闭的空间效果，它可以提供私密性和安全性。但是，太多的围合会使空间变得压抑和拥挤，因此需要适当的通透来增加开放感和舒适性。通透是一种打开的空间效果，可以提供良好的视觉和通风效果。然而，过多的通透可能会导致隐私问题和安全隐患。

围合和通透的分配(图 2-4)应该根据功能要求、建筑朝向和景观来确定。对于朝向好的一面，如朝向自然风景、阳光充足的一面，应该采用通透的布置方式，以便把自然环境引入室内，同时提供良好的视觉效果。而对于朝向不好的一面，如朝向马路、工业区或者有噪声污染的一面，应该采用围合的布置方式，以保证安静和私密性。

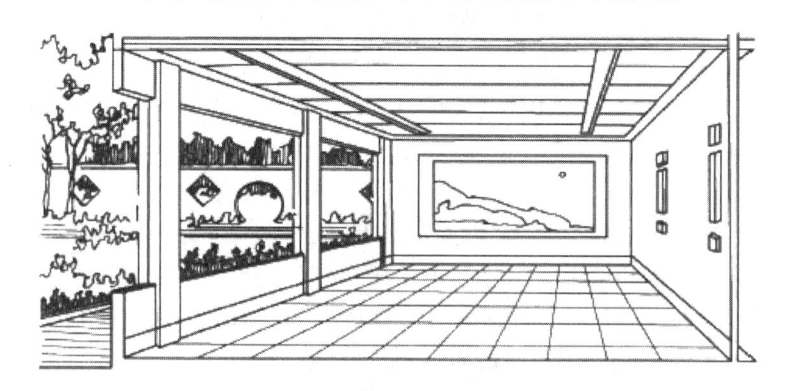

图 2-4　室内空间的围合与通透

2. 空间的分隔

空间分隔是室内设计和装修中非常重要的环节，它不仅能够影响整个空间的视觉效果，还能够影响空间性格、环境气氛的创造和空间功能的实现等方面。因此，在进行空间分隔时，应该从整体到局部全面考虑，以确保空间的分隔方式能够达到最佳效果。空间的分隔程度应该根据不同需要而定，可以采用实隔或虚隔、半虚半实，或以实为主、实中有虚，或以虚为主、虚中有实等。

室内空间分隔采用的方式应当根据空间的使用特点和艺术要求而定，一般可分为以下四种。

(1) 绝对分隔：用承重墙和隔墙等高度限定的实体界面来分隔空间。经过这种分隔，室内空间较安静，私密性好。

(2) 局部分隔：用屏风、隔断和高度大的家具等不完整的界面来分隔空间。这种分隔空间所形成的限定度大小随界面的大小、形态、材质等而异。局部分隔能够实现分隔室内不同区域的需求，同时又不会让空间显得过于封闭。

(3) 象征性分隔：用栏杆、花格、构架、玻璃隔断等低矮或空透的界面，或用家具、陈列、绿化、水体、色彩、材质、光线、高差、悬挂物、音响、气味等因素所做的空间分隔。这种分隔限定度很低，界面模糊，但能通过暗示和"视觉定形性"被感知。这种分隔侧重于心理效应，具有象征性。空间的划分隔而不断，流动性强，层次丰富，意境深邃。所谓视觉定形性，是指人只看见所熟悉的某物体的局部，但通过记忆中的印象，可以联想出该物体的完整形象。

(4) 弹性分隔：用拼装式、折叠式、升降式等活动隔断或帘幕等分隔空间。采用这种分隔，可以根据使用要求随时启闭或移动隔断，被分隔的空间也随之或分或合，或大或小，形成弹性空间或灵活空间。弹性分隔能够充分利用空间，提高空间的使用率，同时也能够满足不同使用需求，让空间的功能更加灵活多变。

室内空间的分隔方式不仅能够影响不同空间之间的联系程度，也能够为人们带来更好的使用体验。因此，在进行空间分隔时，应该充分考虑空间的需求和实际情况，采用最合适的分隔方式，让空间的使用效果达到最佳。

3. 空间的过渡与对比

空间的过渡是指在建筑设计中，通过一些特定的手法，使得不同的空间之间产生一种自然的过渡。根据具体情况，空间的过渡可分为直接过渡和间接过渡。直接过渡是指只需越过一个界面就能到达的空间过渡，而间接过渡是指通过插入第三个空间来实现两个空间之间的过渡。这种第三空间也就是过渡空间，常常采用过厅、连廊、楼梯间以及其他辅助空间的形式。当过渡空间运用得当时，可以使各主要使用空间构图更加完整，并能适应建筑体形变化的需要。但若使用过多，则会造成浪费。

此外，在空间的过渡中，特别是过渡空间与主要使用空间之间，常采用各种对比手法，以加强主要使用空间的艺术感染力。空间的对比是指建筑空间在大小、形状、色彩等方面的对比。公共建筑室内空间的形状有两种：一种是规则的几何形体，另一种是不规则的自由形体。规则对称的几何造型空间，常用来表达严肃庄重的气氛，如宗教建筑、纪念性建筑等。不规则或不对称的几何造型空间，常用来表现活泼、开敞、轻松的气氛，如园林建筑、旅馆建筑以及各种文娱性质的公共建筑。

(1) 大小高低的对比。穿过一个矮小的空间进入一个高大的空间，视野突然变得开阔，主要使用空间的高大更能给人留下深刻的印象。此外，也可以通过在空间中增加一些不同高度的物品来营造出高低错落的感觉。

(2) 开敞与封闭、明与暗的对比。开敞与封闭是通过空间的围合来实现的，明与暗既可通过天然光线实现，也可通过人工照明实现。一般来说，开敞与明亮使人欢畅愉悦，封闭与阴暗使人压抑沉静。为了让空间更加明亮宽敞，可以增加窗户的数量或者提高天花板的高度。

(3) 形状对比。不同形状的空间会让人产生截然不同的感受，两个相邻空间形状有差别，很容易产生对比效果。如纵向狭长的空间会产生强烈的导向感，方形或接近方形的矩形空间会增强稳定感；窄而高的空间具有严肃感，宽而低的空间容易产生亲切感。无论空间采用什么形状，都必须与空间的功能要求相适应。为了增加空间的形状对比，可以在空间中增加一些不同形状的家具或者装饰品。

(4) 方向对比。方向感是以人为中心形成的。人经过转折行进，感觉到空间的方向发生变化，可以通过这种变化打破空间的单调感。为了增加空间的方向感，可以在空间中设置一些具有明显朝向的元素，如一幅油画或者一组装饰品。

(5) 色彩对比。色彩对比包括色相、明度、彩度以及冷暖感等。强烈的对比容易使人产生活泼欢快的效果。微弱的对比也称为微差，使各部分协调，容易产生柔和幽雅的意境。与其他手法相比，色彩对比往往较为经济。为了增加色彩对比，可以在空间内使用不同颜色的墙面、家具或者装饰品等。

4. 空间的组合

建筑空间的组合方式有许多，其中相邻空间的组合是基础。以下是四种基本的组合方式。

(1) 连接组合(图 2-5)：在两个空间之间设置过渡空间所产生的组合称为连接组合。这种连接空间的方法可以有很多不同的方式，比如通过门、窗户、楼梯、走廊等。

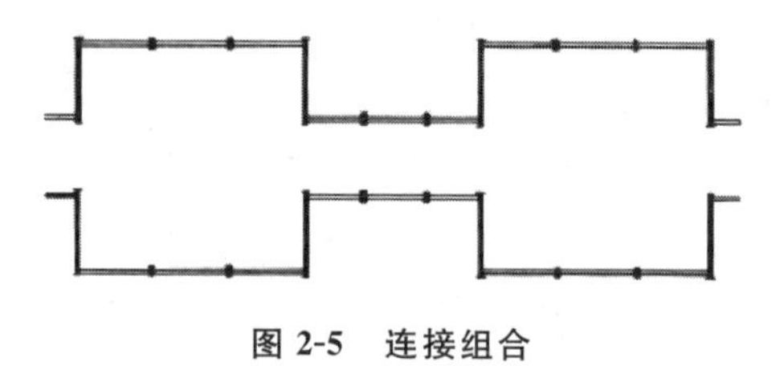

图 2-5 连接组合

(2) 接触(粘连)组合(图 2-6)：这种组合是以两个空间相邻紧贴而实现的。两个空间之间的共有面采用不同分隔方法，可以产生不同的围合和透视效果。这种组合方式可以通过窗户、墙壁、柱子等方式实现。

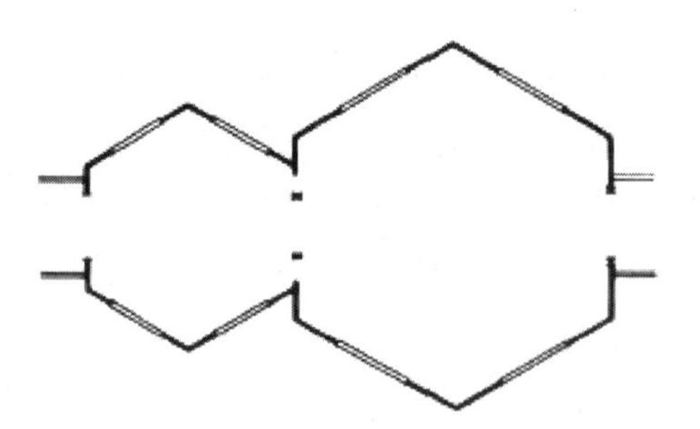

图 2-6 接触(粘连)组合

(3) 相交组合(图 2-7)：这是一种通过两个空间的一部分相重叠形成的组合。相交部分可以是两个空间共有，或是一个空间独有，也可以与两个空间都隔开而成为一个独立的部分，并成为两个空间的连接。相交部分不宜过小或过大。过小使两个空间有分离感，过大则有重合感。这种组合方式可以通过柱子、墙壁、屏风等方式实现。

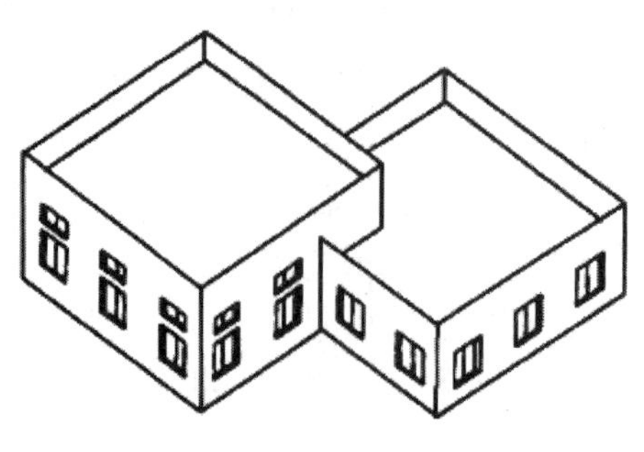

图 2-7 相交组合

(4) 包容组合(图 2-8):在大空间中包含小空间称为包容组合。这种组合方式可以通过墙壁、屏风、柜子、架子等方式实现。大小空间既可相似,也可以采用对比手法,使其出现多种变化。这种组合方式可以为整个空间增添更多的细节和层次感,让人们在一个空间中有更多的发现和体验。

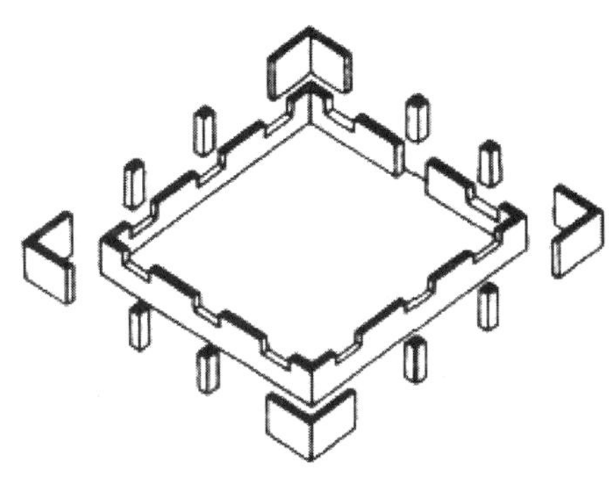

图 2-8　包容组合

5. 空间的重复与再现

在建筑空间组合设计中,空间的变化、对比和统一、协调是相辅相成的。变化、对比过多会杂乱无章,统一、协调过多会呆板乏味。因此,程度的把握需要根据建筑的性质而异。空间的重复和再现是处理空间统一、协调的常用手法之一。

所谓空间重复,是指同一种空间在建筑中连续出现,这种设计手法可以产生一种自然的节奏感和延续感。而空间再现则是指相同的空间分散处于建筑的不同部位,被其他空间所隔开。这种手法可以增加空间的层次感和丰富性,同时也能够增加空间的一致性和协调性。因此,在建筑设计中,空间重复和再现是非常重要的设计手法,可以帮助设计师更好地处理空间的统一性和协调性,同时也能够增加空间的多样性和丰富性。

6. 空间的层次与递进

为了让空间形成层次和递进,一种基本方法是将空间相互连接和贯穿。这种连接和贯穿可以在平面组合中出现,也可以在垂直组合中出现(如多层共享大厅)。空间的层次和递进可以使其更加丰富,更具美感。

7. 空间的引导与暗示

为了提高空间利用率,让使用者很容易找到自己的前进方向和路线,除了妥善安排建筑的交通系统外,还应在内部空间处理中对人流路线加以引导与暗示。引导与暗示的方法主要有以下四种。

1) 利用建筑构图控制线导向

在建筑空间组合时,为了使组合有序化,使建筑成为有机的整体,常采用若干条控制线来控制全局。这些控制线有很强的方向性,所以可以起导向作用。

2) 利用建筑构部件导向

(1) 设置全部外露或部分外露的楼梯、台阶、坡道。楼梯、台阶、坡道很容易使人联想到上部空间的存在,所以具有导向性。特别是露天的直跑楼梯、螺旋楼梯、自动扶梯。

(2) 设置弯曲的墙面。曲面在视觉上具有动感,所以弯曲的墙面具有引导作用。

(3) 设置灵活隔断。灵活隔断不但暗示另一空间的存在,而且可以根据需要,使两空间合二为一。

(4) 设置门窗或开洞。在两空间的界面上设门窗或洞口,可以使人直接观看到另一空间的存在,其引导作用是明显的;即使是关闭的门,也暗示了另一空间的存在。

(5) 设置连续排列的物件。连续排列的柱、柱墩,加强了透视感,也增强了导向性。可以通过将这些物件设置成与主题相关的物品,让使用者更好地理解建筑的功能和设计思路。

3) 利用建筑装饰导向

墙面、楼地面、顶棚面,都可以通过装饰手法强调行进方向。这些装饰,既可以是韵律感很强的图案,也可以是导向性很强的线条。在流线转折、交叉、停顿处,会形成视觉中心,更应重点装饰。有些流线复杂的建筑,为了更有效地将使用者导向各自的目的地,还可分别采用不同颜色或形状的线条在通道上做出标志。

4) 利用光线或敏感变化作引导

通常情况下,人都有避暗趋明的心理,利用天然光线或人工照明调整各部分的照度,也会产生引导的作用。例如,设置明暗交替的光线,可以突出某些部分,同时也会引导人们的目光。另外,可以将某些重要部分的照明设置得更加明亮,以吸引人们的注意。

8. 空间的延伸与借景

1) 空间的延伸

空间的延伸指的是在相邻的两个空间之间开敞、渗透的基础上,通过某种连续性处理手法获得的一种空间效果。常见的手法有两种:一种是将某个界面(如顶棚)在两个空间之间连续,另一种是通过陈设、绿化、水体等在两个空间之间营造出连续性。这种延伸会让人产生空间扩大的感觉,从而更好地体验空间。

2) 空间的借景

通过在某个空间的界面上设置门、窗、洞口、空廊等,有意识地将另外空间的景色引入,这种处理手法称为借景。为了取得良好的效果,需要对另外空间的景色进行剪裁,只保留美丽的景色,避免不美的景色影响观感。同时,开口处就如同取景框一样,需要仔细研究其大小、形状和比例,以获得最佳的视觉效果。空间的借景可以让人们感受到更为广阔的空间,同时也能够增强空间的美感和观感体验。

9. 空间的序列

建筑空间组合的设计应该考虑人的行为模式。人的活动通常是在一系列空间中进行的,这些空间有一定的顺序,形成一条空间序列。在设计空间序列时,需要考虑以下两个方面。

1) 空间序列的组成

(1) 起始阶段。起始阶段是空间序列的开端,它应该对人有吸引力,给人留下好的印象。

(2) 高潮前的过渡阶段。这是起始阶段和高潮之间的阶段,应该起到引导、启发的作用，让人产生期待的心情。

(3) 高潮阶段。高潮阶段是整个空间序列的核心，需要进行重点的艺术处理，以满足人们的审美要求。

(4) 高潮后的过渡阶段。这是高潮和终结之间的阶段，应该让人从审美的激情中逐渐平静下来。

(5) 终结阶段。终结阶段是整个空间序列的收尾，应该让人产生余音袅袅的感觉。

2) 空间序列的设计手法

不同的建筑应采用不同的空间序列，其设计手法也不一样。

(1) 序列的长短。对于行为模式要求快捷高效的建筑，应该采用短的空间序列，如交通建筑。这时，过渡阶段很短，甚至可能已不明显。对于行为模式要求流连忘返或精神功能特别突出的建筑，应该采用长的空间序列，如风景建筑、纪念性建筑。这时，过渡阶段变长，出现若干层次，甚至出现小高潮。

(2) 序列的布局。空间序列的布局分为规则式和自由式两大类。规则式布局庄重，自由式布局活泼。规则式布局可以是对称的，也可以是不对称的。空间序列所形成的流线可分为直线式、曲线式、循环式、迂回式、盘旋式、立体交叉式等。空间序列的布局方式应与建筑的性格相一致。

简单的建筑可以采用一个空间序列，复杂的建筑可以在安排好主要空间序列的基础上，再辅之以若干个次要的空间序列。

(3) 高潮的选择。人们总是选择最能代表建筑使用性质、最吸引人流的主体空间作为空间序列的高潮。在短序列中，高潮宜靠前。在长序列中，高潮宜稍靠后，以增强人的期待。空间序列中的各空间既要协调统一，又要对比变化，特别是高潮更应强调对比，以提高其艺术表现力。

在建筑空间组合的设计中，还需要考虑如何让人们更好地体验空间序列，如何增强空间序列的连贯性和流畅性等。设计师需要综合考虑各种因素，创造出更加优美、舒适、实用的空间序列。

2.3.3　建筑空间的组合形式

功能的合理性不仅要求每一个房间本身具有合理的空间形式，而且要求各房间之间必须保持合理的联系。因此，在设计一幢建筑时，必须考虑到其功能特点，以确保空间组合形式的合理性。以下就几种典型的空间组合形式作具体分析。

(1) 学校、医院、办公楼等建筑中的教室、诊室、病房、办公室等，一方面要求安静，另一方面又必须保持适当的联系。由于这类房间一般体量不大但数量颇多，因此，采用以走道为主的空间组合形式，即用一种专供交通联系用的狭长空间，将各个使用房间联系为一体，是最合逻辑的选择(图2-9)。

(2) 博物馆中的陈列室、商场以及某些工业建筑车间，为了保持各部分之间的连贯性，比较适合将各部分空间保持贯通。如广厅——交通联系空间(图2-10)。

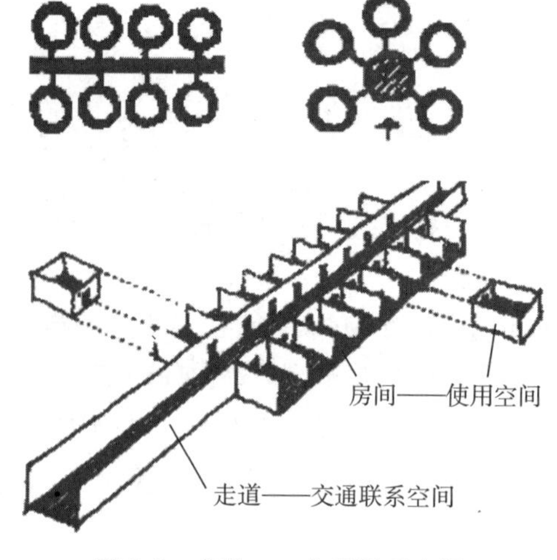
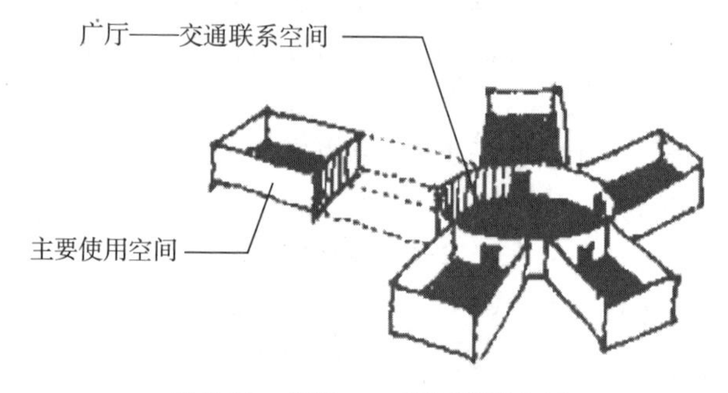

图 2-9 走道——交通联系空间

图 2-10 广厅——交通联系空间

(3) 某些博物馆中的陈列室、商场以及工业建筑车间也适合采用相同的空间组合形式,以保持各部分之间的连贯性。如串接联系空间(图 2-11)。

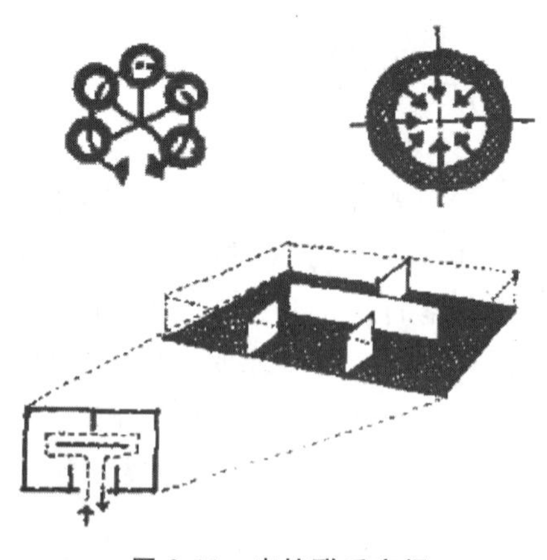

图 2-11 串接联系空间

(4) 影剧院、大型菜市场、体育馆等建筑一般以巨大的建筑空间为中心，将辅助空间布置在其周围(图 2-12)。这种布局可以保证足够的空间用于大型活动，同时也能够满足其他需求，如存储、办公等。

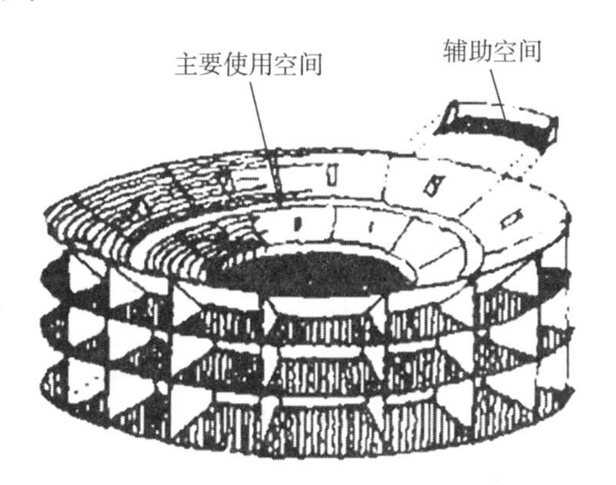

图 2-12 大厅为中心的空间

2.4 公共建筑的人流集散

不同类型的公共建筑，因使用性质不同，往往存在着不同的人流特点，有的人流集散比较均匀，有的又比较集中。那么这些人流活动的特点，常通过一定的顺序或某种关系而体现出来。一般公共建筑反映在人流组织上，基本上可以归纳为平面的和立体的两种方式。

中小型公共建筑的人流活动一般比较简单，人流的安排多采用平面的组织方式(图 2-13 和图 2-14)。例如，展览陈列性质的建筑，尤其是某些中小规模的展览馆，为了便于组织人流，往往要求以平面方式组织展览路线，以避免不必要的上下走动，以期达到使用方便的目的。有的公共建筑，由于功能要求比较复杂，仅仅依靠平面的布局方式，不能完全解决流线组织的问题，还需要采用立体方式组织人流的活动(图 2-15 和图 2-16)。

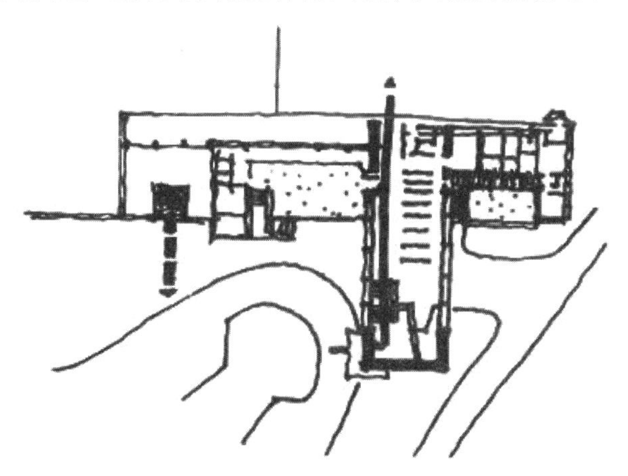

图 2-13 小型车站流线分析图示例

图 2-14 展览馆建筑流线组织示例

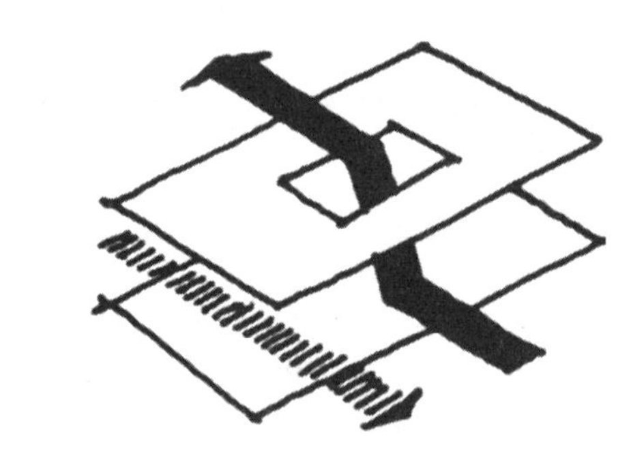

图 2-15 立体流线组织图解

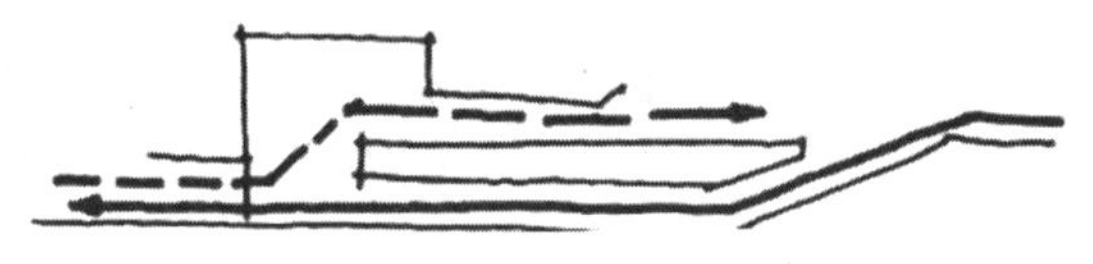

图 2-16 流线组织剖面关系

在某些公共建筑的流线组织中，往往需要运用综合的方式才能解决，也就是有的活动需要按平面方式进行安排，有的活动则需要按立体方式加以解决。下面以旅馆、影剧院（包括会堂）两种类型的建筑说明流线关系。

一般性的社会旅馆建筑，除了需要满足旅馆的食宿需求外，还需要满足旅馆在工作上和文娱生活上的多样要求。另外，根据所服务的对象，还要求设置一些公共的服务设施，如问讯、小卖、旅游、电信、餐厅等空间。因此，旅馆是一种综合服务性的公共建筑，既要保证旅馆有安静舒适的休息和工作环境，又要提供公共活动的场所（图 2-17）。因此，通常将客房部分布置在公共部分的上层，形成流线组织的综合关系（图 2-18）。

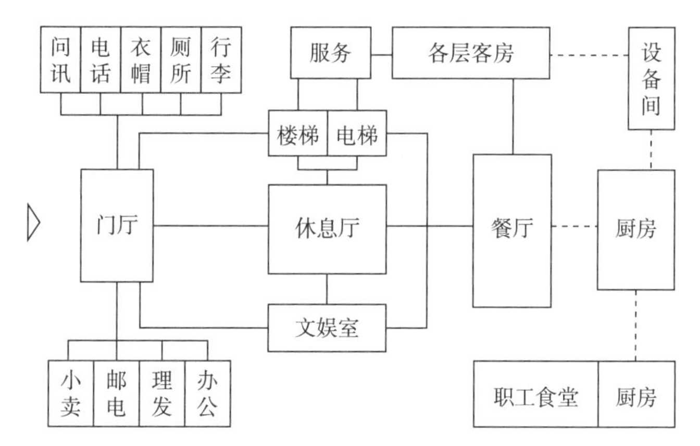

图 2-17　普通旅馆功能关系图解

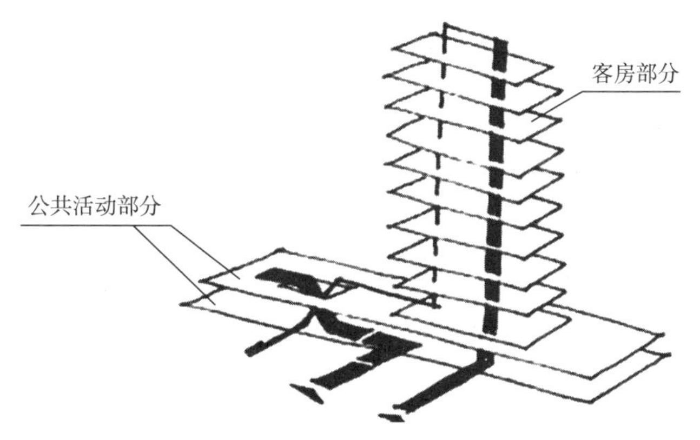

图 2-18　旅馆人流组织关系图解

剧院、电影院、音乐厅等(图 2-19 和图 2-20)同样是人流比较集中的公共场所,它本身具有某些特殊的要求,如满足视线和听觉的质量要求等。所以,在满足视线要求所形成的坡度下,观众厅的空间形式应结合剖面的形式综合考虑。特别是大中型的观演建筑,常运用楼座的空间形式,解决观众厅的容量、视线及音质等方面的要求,因而必然出现水平与立体两种人流组织的综合关系。

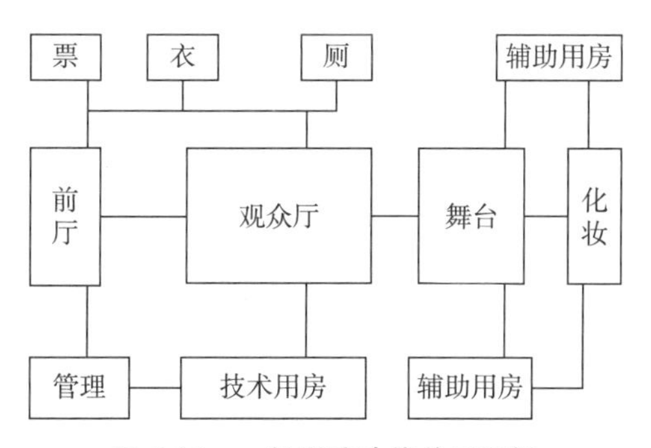

图 2-19　一般剧院功能关系图解

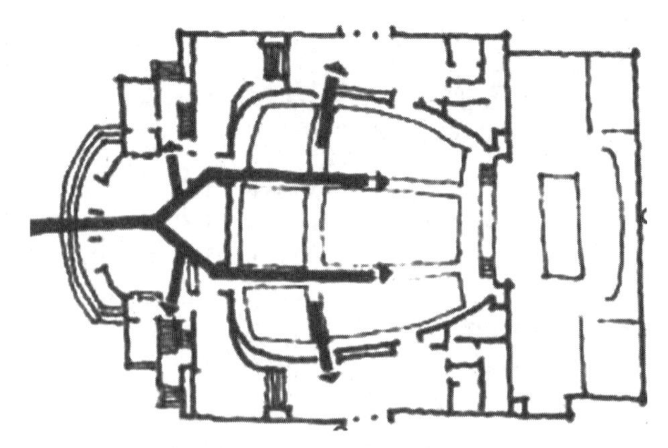

图 2-20 一般剧院平面流线示意

因此,公共建筑空间组合中的人流组织问题,实质上是人流活动的合理顺序问题。它应是一定的功能要求与关系体系的体现,同时也是空间组合的重要依据。它在某种意义上会涉及建筑空间是否满足使用要求,是否合理,空间利用是否经济等方面的问题。所以人流组织中的顺序关系是极为重要的,应结合各类公共建筑的不同使用要求,进行深入分析。

公共建筑的人流疏散问题,是人流组织中的又一个重要内容,尤其对于人流量大而集中的公共建筑来说更加突出。公共建筑中的人流疏散,有连续性的(如医院、商店、旅馆等)和集中性的(如影剧院、会堂、体育馆等)。有的公共建筑属于两者之间的、兼有连续和集中的特性(如展览馆、学校建筑等)。但是,在紧急情况发生时,不论哪种类型的公共建筑,疏散都会成为紧急而又集中的状态。因而在考虑公共建筑的疏散问题时,应把正常的与紧急的两种疏散情况综合考虑,方能合理地组织流线与空间的序列。下面以人流比较集中、疏散要求较高的公共建筑为例进行分析。

2.4.1 阶梯教室人流疏散的特点

人流活动较为集中的大型阶梯教室(300 人及以上),通常依靠短暂的课间休息时间进行上下课班级交换。为此,需要确保人流的出入畅通无阻,并在交通枢纽地带设置一定的缓冲空间,如门厅、过厅等,以缓解因人流过于集中而造成的交叉干扰。此外,如果阶梯教室的数量较多,则应采用分散的布局方式避免人流过度拥挤和干扰,以满足疏散设计的要求。

对于阶梯教室人流疏散的组织,常用的有两种基本方法。

(1) 出入口合并设置:这种方法多把出入口设在讲台的一端。人流疏散时,自上而下,方向一致,从而可以简化阶梯教室与相邻房间之间的联系。但是这种方式容易造成人流的交叉拥挤,因此常用于规模较小的阶梯教室。

(2) 出入口分开设置:此种方法一般将入口设在讲台的附近,出口则布置在离讲台较远的阶梯教室的末端,使人流经过楼梯或踏步疏散。同时,教室内部的通道应与疏散口相连接。这种组织人流集散的方式具有干扰小、疏散快、不混乱等优点，因此常用于规模较大的阶梯教室。

因此，在阶梯教室人流疏散的设计中，需要综合考虑教室的规模、人流的方向、交通枢纽地带的设置以及出入口的布置等因素，以确保人们在安全、有序的环境中进行学习和活动。

2.4.2 影剧院、会堂人流疏散的特点

电影院的人流活动多具有连续性，且各场次中间休息的时间一般较短，因此需要考虑如何提供更多的设施和服务，以增强观众的观影体验。例如，在休息时间，可以提供小吃、饮料和其他商品，同时还可以播放音乐和电影预告片等娱乐节目，以吸引观众的注意力和提高他们的满意度。此外，为了方便观众进出电影院，应当在入场口和散场口之间设置缓冲区，以减少人流的拥挤和排队时间。

影剧院、音乐厅、会堂的活动多属单场次，且演出时间较长，因此需要考虑如何提供更多的设施和服务，以提高观众的舒适度和满意度。例如，在休息时间，可以提供饮料、小吃和其他商品，同时还可以播放音乐和娱乐节目等，以吸引观众的注意力和提高他们的满意度。此外，为了方便观众进出建筑物，应当在入口和出口之间设置缓冲区，以减少人流的拥挤和排队时间。

在考虑影剧院、音乐厅、会堂建筑的疏散时，需要密切注意缓冲地带人流的停留时间，切忌各部分之间的疏散时间失调，超过安全疏散的允许范围。因此，建筑的疏散设计应该与材料和结构的防火等级、观众席位排列、楼梯过道的具体布置等密切相关，以确保观众的安全和舒适感受。

2.4.3 体育建筑人流疏散的特点

体育馆通常比电影院或剧院更大，可以容纳更多的观众座位。一些大型体育馆可以容纳数万名观众，因此人流疏散问题更加突出。然而，体育馆建筑的疏散要求也有其自身的特殊性，如比赛的场次通常不是连续的，因此可以考虑合用出入口。此外，体育馆的座位常沿着比赛场地四周布置，因此可以沿着观众厅周围组织疏散。对于规模较大的体育馆，可以考虑分区入场、分区疏散、集中或分区设置出入口的方式。体育馆建筑具有集散大量人流、疏散时间集中的特点，所以在安排人流活动时，应设置足够数量的疏散口，以保证安全疏散。因此，在组织安排人流时，常采用平面与立体两种方式的体系组织疏散。

体育建筑的座位排列与交通组织对疏散设计有很大的影响。常用的布置方式有两种：一种是在观众席内设置横向通道，即在同一标高的疏散口之间设置联系通道。这种布置方式对于疏散是有利的，但如果处理不当，可能会有座位减少、座位坡度提高以及在走道上行走的观众干扰视线等缺点。另一种是只设纵向通道的方式，即以纵向通道直接通往各个疏散口。然而，这种疏散方式相对地会增加疏散口的数量，存在着损失座位的缺

点。从疏散效果的角度来看，不如第一种疏散方式通畅。因此，大中型体育馆目前一般多采用第一种方式组织疏散，而小型体育馆则常采用第二种方式组织疏散。

以上是人流比较集中、疏散要求比较突出的几种公共建筑类型。其他类型的公共建筑也存在人流疏散问题，只不过因其功能要求不同，考虑疏散问题的程度以及解决的方式不同，如学校、旅馆、医院、办公楼、展览馆等。然而，在设计这些类型的公共建筑时，应将特殊的要求考虑进去，按照防火规定充分考虑疏散时间、通行能力等问题，即可着力于组织不同方式的疏散设计。

因此，在公共建筑设计中，疏散应是一个必须重视的功能，它与前述的空间使用性质、功能分区、流线特点等是不可分割的。因此，在考虑功能时应给予深入的分析研究，才能使疏散获得比较全面的解决。以上只是着重从公共建筑空间的使用性质、功能分区、流线特点、疏散设计等方面分析功能，但是在公共建筑空间环境的创作中，争取良好的朝向、合理的采光、适宜的通风以及优美舒适的环境等同样也应给予重视。因为它们在一定程度上甚至会影响建筑布局的形式。所以，在考虑功能时，应结合具体的设计条件，综合考虑，全面地分析和解决问题。

学习笔记

课后思考

1. 相邻空间的组合方式有哪些？

2. 适合博物馆的空间组合方式是什么？

第3章 公共建筑立面造型设计

学习目标

1. 了解公共建筑造型的艺术特点。
2. 了解建筑造型构思的方法。
3. 了解建筑造型的基本规律。
4. 了解立面设计与建筑造型的关系。

3.1 公共建筑造型艺术特点

建筑除满足使用要求外,还要有良好的建筑形象。造型艺术的实质就是处理好建筑的美观问题,即建筑的室外空间造型艺术。广义上的建筑功能既包括物质功能,也包括精神功能。精神功能要求建筑具有美感,使人身心愉快,或者能满足某种特定的精神需要。满足精神功能,也往往有利于物质功能的发挥。公共建筑立面造型艺术不仅包括造型艺术特征、艺术创造构思、造型的基本规律,还涉及民族、地域文化和构图技巧等。例如,商业建筑有良好的建筑形象,有优美的环境,可以增加其对顾客的吸引力,增加商业价值。所以,建筑设计应在满足使用要求的前提下,在物质技术条件允许的范围内,按照美的规律,处理好建筑与环境的关系,处理好建筑的形体及细部,以提高建筑的艺术表现力。

建筑艺术是一定的社会意识形态和审美理想在建筑形式上的反映。建筑是一种造型艺术,它不同于绘画、雕塑、摄影及工艺美术,具有以下五个特征。

1. 实用性

建筑必须满足人类物质生活和精神生活的需要。一定的建筑形式常常取决于一定的建筑内容;同时,建筑形式也会在一定程度上影响和制约建筑内容。实现两者的辩证统一,才能达到良好的建筑效果。所以,不同使用性质的建筑常常具有不同的外观造型特点。

例如,商业建筑(图 3-1)有广告牌与橱窗展示,学校建筑(图 3-2)有规律重复的开窗要求。

2. 技术性

建筑需要使用建筑材料,按照一定的科学法则建造起来。因此,一方面,建筑艺术创作不能超越当时技术上的可能性和技术经济的合理性。另一方面,应尽可能利用科学技术的成果来丰富建筑文化,创造新的建筑形象。技术的进步,也是引起建筑形式变化的因素之一。例如,中国古建筑以木结构建筑为主(图 3-3),随着技术的进步,钢结构也成为现当代广泛使用的建筑结构类型(图 3-4)。

图 3-1　商业建筑

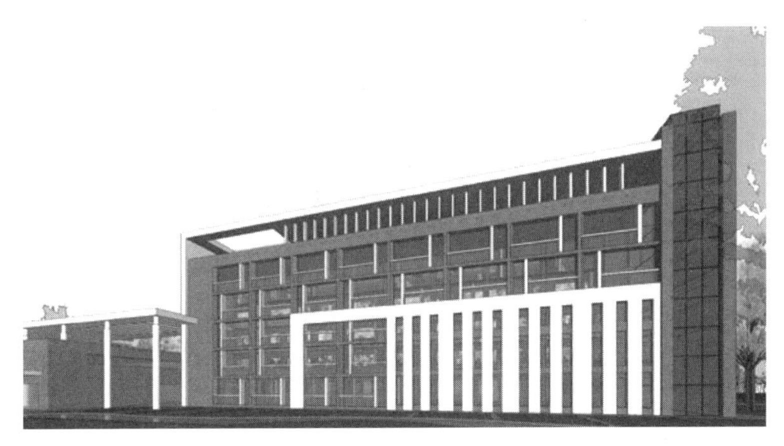

图 3-2　学校建筑

图 3-3　木结构建筑

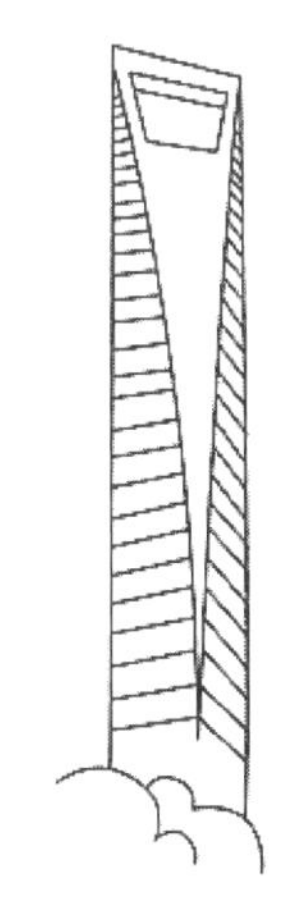

图 3-4　钢结构建筑——上海环球金融中心

3. 地域性

建筑一般都是在某一指定区域内进行设计。一经建成，建筑将长期存在，并与周围环境融为一体。由于受到时代、民族、地域、气候及其他自然环境、人文环境的影响，建筑常常具有某种特定性。一般来说，艺术表现力强的建筑是难以模仿的，即使仿制也将大异其趣。大量性建筑虽然可以用工业化方法成批建造，但人们也总是避免它们千篇一律，而且，每幢建筑位置不同，给人感受也不同。例如，常见于中国南方地区的干阑式建筑(图 3-5)和徽派建筑(图 3-6)。

图 3-5 干阑式建筑

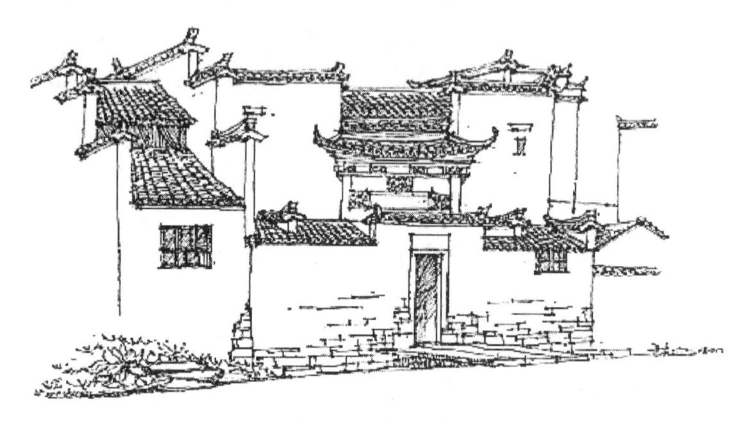

图 3-6 徽派建筑

4. 总效性

建筑讲究总体效果。环境、建筑造型、建筑的内外装饰以及附属的建筑小品，都对建筑的形象有很大影响。那么人在建筑所形成的空间环境中活动，其感受是综合的、多方面的。因此，建筑是一种环境艺术。人对建筑的观赏，可以有不同的方位，也可以有不同的时间，其效果不尽相同，所以建筑又是一种具有四个向量的艺术。其他艺术形式与建筑艺术相互影响，相互促进。建筑的形象就是建筑的语言，建筑的造型必须赋予一定的主体思想，人们也常常把雕刻、绘画、书法等引入建筑中，以提高建筑的艺术表现力。例如，上海世博会中国国家馆的设计表达了中国文化的精神与气质。国家馆居中升起、层叠出挑，成为凝聚中国元素、象征中国精神的雕塑感造型主体——东方之冠。

5. 公共性

建筑耗资巨大、建设周期长，需要通过很多人的共同劳动才能完成。建筑往往是为公众服务的，因此建筑是一种公共生活现象。建筑师的个人情感与爱好必然在建筑创作中有所反映，但时代的、民族的公共意识，包括业主的爱好，对建筑创作的影响也是巨大的。此外，在建造建筑的整个过程中，各个工种的技术人员、工人的才能和技艺也必将影响建筑艺术的整体效果。

3.2　建筑创作的艺术构思

建筑创作的艺术构思是指设计人员在进行建筑艺术创作过程中的各种思维活动，包括考虑建筑的风格或所需创造的意境，以及探索最佳的表现形式和细部处理等。

在服从建筑功能、技术、经济等要求的前提下，建筑艺术还必然受到来自时代、地域等各种环境条件的制约。建筑的艺术构思必须把环境规划、群体组合、形体构成以及细部、构配件、家具陈设、装饰、附属艺术品、建筑小品、绿化、水体等的配置综合考虑进去。建筑设计人员应有多方面的知识和较高的美学修养。建筑艺术构思的过程既需要运用形象思维，也需要运用逻辑思维。构思是创作。应当学习其他建筑师的经验，但不能抄袭，落入窠臼。艺术贵在创新。

建筑是造型艺术，艺术构思必须落实到图形上才有意义。建筑师应有熟练的图示能力。为了能捕捉灵感，使构思尽快明晰，建筑师往往先用铅笔、钢笔等徒手绘草图，然后用工具制图，并进一步推敲(图 3-7)。此外，用计算机和模型帮助建筑师酝酿和修改方案的方法，也引起了人们的重视。

图 3-7　扎哈・哈迪德的二十一世纪美术馆草图

建筑设计的主题与功能密切相关。风格是指建筑所表现出来的艺术特色。建筑师的个人风格是在其长期的社会实践中，在时代、阶级、矛盾之中生成的。例如，密斯・凡德罗坚持“少就是多”的建筑设计哲学，在处理手法上主张流动空间的新概念，其建筑作品多使用极简的创作手法(图 3-8)。安东尼奥・高迪认为建筑就是雕塑，就是交响乐，就是绘画作诗，就是要有很强的艺术性，他的作品融合了东方伊斯兰风格、现代主义、自然主义等诸多元素，是一种高度“高迪化”了的艺术建筑(图 3-9)。

图 3-8 范斯沃斯住宅

图 3-9 圣家族大教堂

3.3 建筑造型的基本规律

建筑的艺术构思需要通过一定的建筑形式才能体现出来。在长期的实践中，人们总结了建筑形式美的基本规律。建筑有良好的艺术构思，但不符合形式美法则，难以引发美感；建筑符合形式美法则，但缺乏良好的艺术构思，也会显得毫无生气。所以，符合形式美规律的建筑不一定都具有艺术性，但符合艺术性的建筑却必须遵守形式美的规律。建筑的形式美规律又称为建筑构图原理，它包括统一与变化、对比与微差、节奏与韵律、均衡与稳定、比例与尺度等基本规律。

1. 统一与变化

建筑一般由若干个不同部分组成。它们之间既有区别，又有内在联系。只有把这些部分按照一定的规律有机地组合起来，做到变化中求统一，统一中求变化，才能使建筑具有完整的艺术效果。一幢建筑，如果缺乏统一感，必然显得散乱，如果缺乏多样性与变化，必然单调乏味，都不能构成美的形式。这种辩证关系，来源于人们对自然界（包括人自身）有机、和谐、统一、完整、多样这一本质属性的认识，这也是一切艺术形式中最基本的法则。

2. 反差与微差

反差是显著的差异，微差是细微的差异。反差对比借助于相互间的烘托陪衬而求得变化，使重点突出；微差借助于相互间的协调与连续性而求得调和，增强建筑的统一感。所以反差与微差是建筑构图实现统一与变化的重要手段。反差与微差都是指同一范畴，建筑设计中，对比的方法经常和其他艺术处理手法综合运用，可以取得相辅相成的效果。对比手法常涉及的有度量、形状以及大小、方向、色彩、质感等。

3. 节奏与韵律

建筑被称为"凝固的音乐"，节奏与韵律运用理性、重复性、连续性等特点，使建筑的各要素既具有统一性，又富于变化，产生类似听音乐的感觉。节奏是有规律的重复，韵律是有规律的抑扬变化。节奏是韵律的特征，韵律是节奏的深化。

4. 均衡与稳定

均衡，是人们对建筑物整体力感的一种平衡判断。建筑的均衡感是由视觉造成的，主要表现在体量及其与均衡中心的距离上，色彩与质感也对重量感有影响。均衡中心往往是人们视线集中的地方，如主要入口、重点处理部位等。静态均衡产生安定感。静态均衡可分为对称均衡和非对称均衡两种。对称均衡有明显中轴线，容易获得统一感。非对称均衡没有明显中轴线，构图约束小，适应性强，显得生动活泼，因而现代建筑采用较多。

5. 比例与尺度

建筑的比例包括两重关系：一是整体或要素自身的长、宽、高关系；二是建筑整体与局部或不同层次之间的高低、长短、宽窄关系。建筑艺术上的比例是指建筑形式与人的有关心理经验所形成的一种对应关系。它不像数学那样确切，但往往围绕一定的数理关系上下波动。针对不同的时代、不同的地域、不同的社会地位，人的心理经验不同，往往导致许多不同的比例标准。此外，建筑所采用的材料与结构形式对比例也有影响。古埃及、古希腊的重要建筑，大多采用石结构。古埃及神庙的石柱粗大密集，具有神秘沉闷的宗教气氛，这也和石梁、板跨度不能太大有关。中国、东亚古代建筑常采用木结构，显得轻灵活泼。现代采用钢筋混凝土和金属的新结构，使建筑的空间和造型都获得了更大的灵活性。

为了探索良好的比例，很多建筑师做出了巨大努力。例如，黄金分割与黄金分割数列，矩形短边与长边之比或两线段长度之比约为0.618，被称为黄金分割。它存在一些奇妙的代数和几何特征，并支配着人体各部分的比例（如人体工程学）。古希腊人已将其运用到建筑设计中，可见于古典柱式中（图3-10），至今仍为人们所喜爱。这样的矩形被认为是最美的。黄金分割所形成的数列也具有和谐美。除黄金分割外，建筑设计也可能采用其他算术比或几何比。

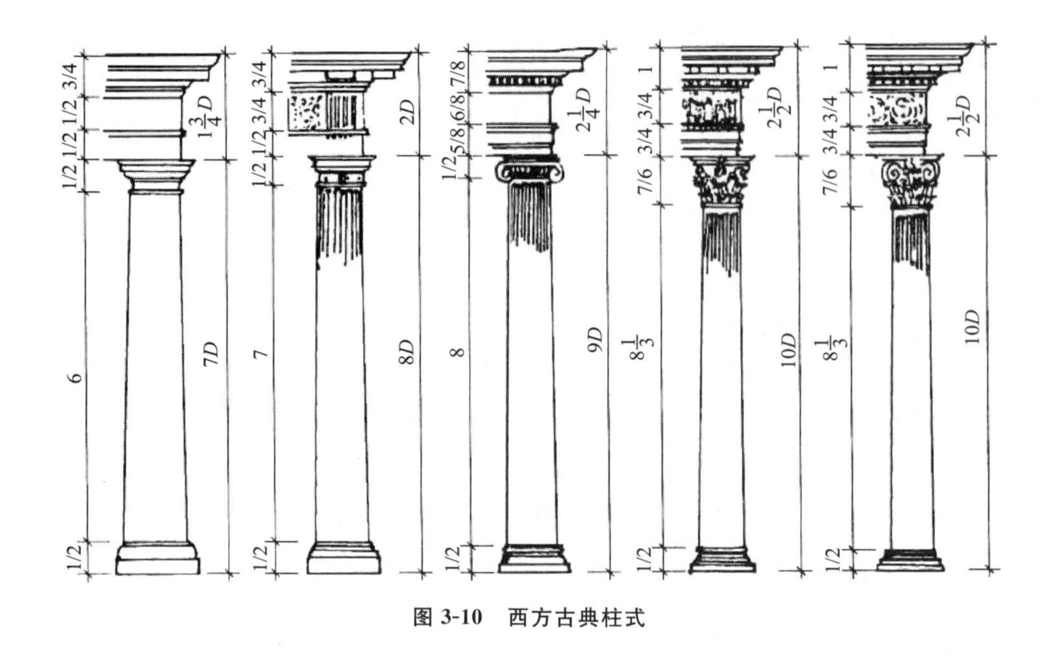

图 3-10　西方古典柱式

3.4　建筑形体与立面设计

人们认识建筑，首先是从外部形体、立面，其次才逐步体验到建筑的内部空间环境。一般来说，外部形体是内部空间的反映；同时，各种室外空间如院落、街道、广场、庭园等也要借助于建筑的形体来形成。建筑形体设计的任务是确定建筑外形的体量、形状以及形体的构成方法。立面设计的任务是针对建筑形体的各个外表面作深入的刻画与艺术加工。所以，立面设计是形体设计的深化，是相辅相成的。各个立面的设计也应统摄于总体艺术构思之下，避免相互割裂。

建筑形体与立面设计虽然各有其工作重点，但都应当遵循建筑构图的基本规律。此外，还要结合建筑的使用功能以及材料、结构、构造、设备、施工、经济等物质技术条件，从整体到局部，反复推敲，才能创造出完美的建筑形象。

1. 形体按构成方法的分类

1）形体及其变化

这类建筑形体比较单一，平面多采用方形、三角形、圆形、正多边形、风车形、三叶形和矩形。整个建筑造型显得统一、完整、简洁，给人以强烈印象。现代一些建筑师又在基本形体的基础上，采取增加、削减、拼镶、膨胀、收缩、分裂、旋转、扭曲、倾斜等变换手法，使建筑形象变得更加丰富多彩。但在采取变换手法时，应注意基本形体的主导地位，否则就会失去统一感。

美国国家美术馆东馆（图 3-11）由华人建筑师贝聿铭设计。在平面布局中，他将梯形平面用对角线切开，形成两大块，再经过若干切割，使整个建筑既简洁明快，又丰富生动，很好地适应了地段的特定条件。

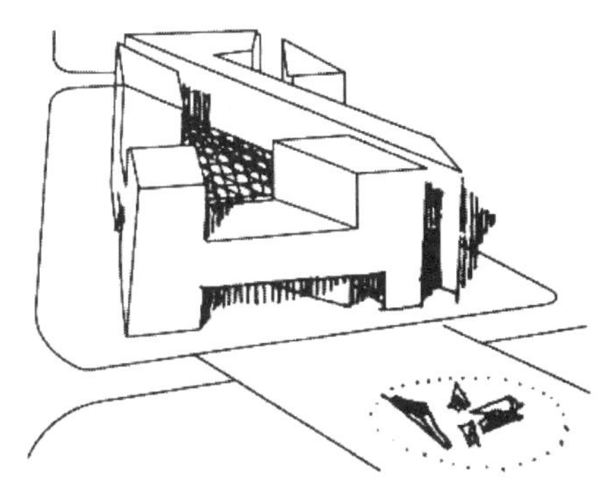

图 3-11　美国国家美术馆东馆

2）单元组合的形体

单元组合的形体是将建筑分解成若干相同或相近似的单元体，再按照一定的规律组合在一起。住宅、学校、幼儿园等建筑中常常可以看到这类组合的实例。

加拿大“蒙特利尔-67”住宅（图 3-12）建筑采用基本单元堆叠而成，造型奇特，曾在 1967 年蒙特利尔国际博览会上轰动一时。

图 3-12　加拿大“蒙特利尔-67”住宅

3）复杂形体的组合

复杂形体的组合建筑由若干具有不同体量、形状的形体组合而成。在组合时，应特别注意将它们形成一个有机统一的整体，其处理手法多种多样，如强调主从、均衡、对比、稳定等。

2. 建筑立面设计

建筑立面设计是指建筑物外部形状的设计。根据平面上水平方向的各种尺寸及剖面上垂直方向的尺寸，画出建筑物四个不同方向上的立面，并对平面、剖面加以调整、统一和加工，以达到美观的目的。立面设计的步骤，通常根据初步确定的建筑物内部空间组合的平、剖面关系，描绘出建筑物各个立面的基本轮廓，作为进一步调整统一立面设计的基础。

设计时首先应推敲立面各部分总的比例关系，考虑建筑整体的几个立面之间的统一，相邻立面间的连接和协调；其次着重分析各个立面上墙面的处理，门窗的调整安排；最后对入口门廊、建筑装饰等做进一步重点及细部处理。

立面设计采用的主要处理方法有：门窗的安排与墙面的虚实对比；利用阳台、雨篷、凹廊等使墙面形成凹凸变化，产生生动的阴影效果；墙面作水平划分、垂直划分或分格式划分；利用墙面材料的变化，给人以不同的美感。

建筑入口是立面设计的重要节点，其形式分为平式、凹式、凸式三种。平式入口连续但不明显，凸式入口增加门廊或雨篷，增加入口的昭示性。凹式入口能同时提供遮挡，将一部分室外空间引入建筑内部(图 3-13)。建筑主入口常常是重点处理的部分，对建筑的形象也是至关重要的部分。

图 3-13 用虚实对比强调入口：美国国家美术馆东馆

正确运用色彩是立面设计的重要议题。

建筑色彩的处理包括色调选择和色彩构图两方面。色彩构图是指立面上色彩的配置，包括墙面、屋面、门窗、阳台、雨篷、雨水管、装饰线条等的色彩选择。一般以大面积墙面的色彩为基调色，其次是屋面；而出入口、门窗、遮阳设施、阳台、装饰及少量墙面等可作为重点处理，对比可稍大些。在色彩构图时，应利用色彩的物理性能(温度感、距离感、重量感、诱目性)，以及对生理、心理的影响(疲劳感、感情效果、联想性等)，提高艺术表现力。此外，照明条件、色彩的对比现象、混色效果等也应予以重视。一般来说，对比强的构图使人兴奋，过分则刺激；对比弱的构图感觉淡雅，过分则单调；大面积的彩度不宜过高，过高则刺激感过强；建筑物色相采用不宜过多，过多则造成色彩紊乱。

色调就是立面颜色的基调。色调选择主要考虑以下几个问题：第一，该地区的气候条件。南方炎热地区宜用高明度的暖色、中性色或冷色，北方寒冷地区宜用中等明度的中性色或暖色。第二，与周围环境的关系。首先要确定本建筑在周围环境中的地位。如果是该环境中艺术处理的重点，对比可以强烈一些；如果只是环境中的陪衬，色彩宜与环境融合协调。第三，给人安宁、平静感觉的建筑宜用中性色或低明度的冷色；给人热烈欢快感觉的建筑宜用明度高的暖色或中性色。体量大的宜用明度高、彩度低的色彩，体量小的彩度可以稍高。第四，各民族对色彩有不同偏爱，地方的风俗习惯也会影响色彩的选择。

学习笔记

课后思考

1. 如何进行建筑造型设计？

2. 如何进行建筑立面设计？

第4章 建筑设计技术经济分析

学习目标

1. 了解公共建筑设计与工程技术的关系。
2. 了解不同的结构类型的特点。
3. 了解建筑设计中的常用经济技术指标。

4.1 公共建筑设计与工程技术的关系概述

公共建筑中的工程技术问题，是构成空间与体形的骨架和基础。同时，工程技术本身，如结构、设备、装修等，需要消耗大量的建筑材料和施工费用。其中结构部分，不仅在耗材及投资上占据着相当大的比重，而且对建筑空间体形的制约是很大的。其他如电气照明、采暖通风、空气调节、自动喷淋等设备技术，对建筑空间体形的影响也是不小的。因此在公共建筑设计过程中，应给予足够的重视。

纵观建筑历史的发展，19世纪末以来，因社会生活和科学技术的不断发展，特别是钢筋混凝土和钢材的广泛应用，促使建筑技术和造型发生了极大的变革。如1889年建在巴黎的埃菲尔铁塔(图4-1)；巴黎世界博览会的机械馆(图4-2)，熟铁三铰拱跨度为115m；

图4-1 巴黎埃菲尔铁塔

图 4-2 巴黎世界博览会机械馆

19 世纪 70 年代建于美国芝加哥的高层框架结构的建筑等，在当时这些技术成就，远不是古典建筑可以比拟的。另外，轻质高强建筑材料的不断出现，空调技术的日益完善，致使高层与大跨度的公共建筑有了很大的发展。新结构、新材料、新设备的广泛应用，使承重与非承重体系有了新的观念。因而使建筑的空间组合，具有更大的灵活性与机动性。同样，随着社会、经济与生活的不断发展，相应地会对建筑空间和体形提出更多的新要求，而新形态空间的创造，需要相应的科学技术来满足，从而进一步促进了建筑技术的发展。这种空间要求与技术进步的互相促进作用，就是建筑与技术发展中的相互依存关系。

在运用建筑技术组合空间体形时，除需要满足功能与审美的要求之外，还需要符合经济实用的原则。在建筑工程实践中，经济与否往往成为选择建筑技术形式的重要因素。当然，经济原则不应该与合理的功能要求和优美的艺术形式对立起来。

4.2 公共建筑设计与结构技术

建筑是一种人造空间。建筑在建造过程和使用过程中都要承受各种荷载的作用，包括自身的重量、人与家居设施的重量、施工堆放材料的重量、风力、地震力、温度应力等，都有可能使房屋变形，甚至遭受破坏。建筑结构就是指保持建筑具有一定空间形状并能承受各种荷载作用的骨架。建筑结构有时也简称为结构。

功能、技术、艺术形象是建筑的三大构成要素。建筑结构与材料、设备、施工技术、经济合理性等共同构成建筑技术，是房屋建造的手段，同时也是保证安全的重要手段。

1. 砖混结构

砖混结构常为砖砌墙体、钢筋混凝土梁板体系，梁板跨度不大，承重墙平面呈矩形网格布置，适用于房间不大、层数不多的建筑(如学校、办公楼、医院)。结构特点：内墙和外墙起到分隔建筑空间和支撑上部结构重量的双重作用。

其承重墙要尽量均匀、交圈,上下层对齐,洞口大小有限,墙体高厚比要合理,大房间在上,小房间在下。

2. 框架结构

框架结构是由许多梁和柱共同组成的框架来承受房屋全部荷载的结构。承重与非承重构件分工明确,空间处理灵活,适用于高层或空间组合复杂的建筑。在高层公共建筑中,如旅馆、大型办公楼等,多选择框架或框剪结构体系。

优点:①承重体系与非承重体系有明确的分工。钢筋混凝土框架结构体系常选用6～9m的柱距,结合功能要求与空间处理,排列一定形式的柱网和轻墙,力求做到空间体形的完整性和结构体系的合理性。分割室内外空间的围护结构和轻质隔断是不承受荷载的。②空间分隔灵活,自重轻,节省材料。③具有可以较灵活地配合建筑平面布置的优点,利于安排需要较大空间的建筑结构。④框架结构的梁、柱构件易于标准化、定型化,便于采用装配整体式结构,以缩短施工工期。⑤采用现浇混凝土框架时,结构的整体性、刚度较好,设计处理好也能达到较好的抗震效果,而且可以把梁或柱浇筑成各种需要的截面形状。

3. 混合结构体系

混合结构形式,以砖或石墙承重及钢筋混凝土梁板系统最为普遍。

优点:①取材容易;②造价不高;③构造简单;④使用广泛;⑤施工方便。

缺点:①不能做灵活的大跨度的空间;②抗震性能较差;③要保证墙体的刚度。

4. 空间结构(大跨度结构)

空间结构(大跨度结构)能充分发挥材料性能,提供中间无柱的巨大空间,满足特殊的使用要求。经常使用的有拱形、空间网架、悬索结构、空间薄膜、充气薄膜。

4.3 公共建筑与设备技术

建筑设备主要包括采暖通风、空气调节、电器照明、通信线路、闭路电视、网络系统、自动喷淋以及煤气管网等。由于建筑设备技术的不断发展,不仅给公共建筑提供了日益完善的条件,同时也给公共建筑设计工作带来了不少的复杂性。为此,在建筑空间组合的创作中,除应给予足够的重视外,还应运用高超的设计技巧,加以综合全面地解决。

在总体环境与建筑布局中,要恰当合理地安排设备用房的位置,如锅炉房、水泵房、冷冻机房以及其他机房等辅助设施。在高层公共建筑中,除在底层及顶层考虑设备层外,还需要在适当的层位上考虑设备层,以解决设备管网的设置问题(图4-3)。另外,在公共建筑的空间组合中,要充分考虑设备的要求,力求做到建筑、结构、设备三方面的合理解决。特别是对于采用集中式空调系统的公共建筑,由于风道断面大,极易与空间处理及结构布置发生矛盾,因而需要注意各种管道穿过墙体、楼梯等处,对结构安全度产生的影响。

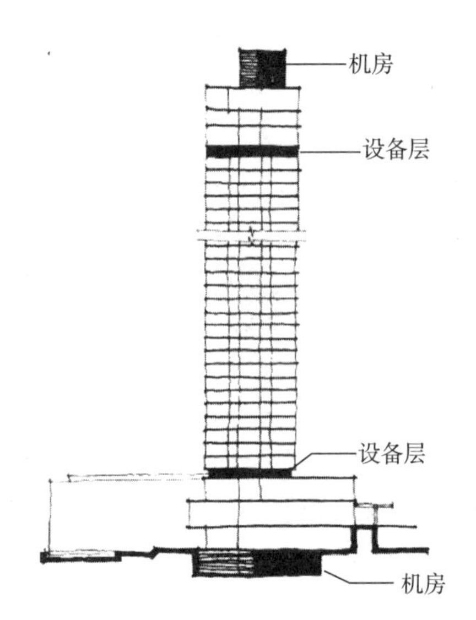

图 4-3　某高层建筑设备管网设计

除以上所述的结构、设备等问题外，还应考虑施工技术的问题。公共建筑中的空间组合、细部装修、结构形式、设备布置等，远比住宅建筑复杂得多，因此对施工技术水平的要求较高。在进行公共建筑设计时应充分考虑当地的施工条件，否则将会导致施工费用高，影响施工质量等后果。在空间组合与结构选择的问题上，应密切考虑施工单位的施工能力和设备条件，防止结构构件的高度和构件的重量受到影响，继而影响建筑的跨度和层数。此外，在建筑材料的选择方面，应优先采用低价优质的地方材料，这样不仅可以节约三材、降低造价，而且还可以加快施工进度。同时，也应看到由于施工技术的不断发展，必然向建筑设计不断地提出新的课题与要求，因此在进行设计构思时，除需要深入考虑结构、设备等技术问题外，还应把施工技术问题考虑进去，借此才能更加全面地解决公共建筑空间组合的问题。

随着我国现代化的进程，建筑技术的不断发展，建筑工业化、工厂化、机械化、装配化的日臻完善，先进的结构、设备与施工技术以及环境保护技术等的不断涌现，必然会促进公共建筑设计水平向新的高度发展。

4.4　建筑的经济问题

建筑的经济问题，涉及的范围是多方面的，如总体规划、环境设计、单体设计和室内设计等，但是在考虑上述各方面的问题时，应把一定的建筑标准作为思考建筑经济问题的基础。因为不符合国家规定的建筑标准，过高过低都会带来不良的后果。当然，对建筑设计工作者来说，应坚持规范与标准，防止铺张浪费，锐意追求建筑设计的高质量。另外，由于建筑的地区特点、质量标准、民族形式、功能性质、艺术风格等方面的差异，在考虑经济问题时，应该区别对待。如大量性建造的公共建筑，标准一般可以低一些，而重点建造的某些大型公共建筑,标准可以高一些。尽管如此,对于档次较高的大型公共建筑,仍需控制合理的质量标准,防止不必要的浪费。当然,也应防止片面追求过低的指标与造价,致使建筑质量低下。

总之,在公共建筑设计中,建筑经济问题,是一个不容忽视的重要方面。如果说功能与美观的问题是公共建筑设计的基础,建筑技术是构成建筑空间与体形的手段,那么经济问题则是公共建筑设计的重要依据。所以,在着手进行公共建筑的空间组合时,应力求布局紧凑,充分利用空间,以期获得较好的经济效果,才是合理而又全面地解决设计问题的良好方法。

4.5 建筑设计中的经济技术指标

1. 建筑面积

建筑面积是指建筑物勒脚以上各层外墙墙面所围合的水平面积之和。它是国家控制建筑规模的重要指标,是计算建筑物经济指标的主要单位。

对于建筑面积的计算规则,目前全国尚不统一。1995 年,原建设部颁布的《建筑面积计算规则》是国家基本建设主管部门关于建筑面积计算的指导性文件。各地根据这个文件也制定了实施细则。根据规定,地下室、层高超过 2.2m 的设备层和储藏室,阳台、门斗、走廊、室外楼梯以及缝宽在 300mm 以内的变形缝等,均应计入建筑面积,而凸出外墙的构件、配件、附墙柱、垛、勒脚、台阶、悬挑雨篷等,不计算建筑面积。

2. 每平方米造价

每平方米造价也称单方造价,是指每平方米建筑面积的造价,是控制建筑质量和投资的重要指标。它包括土建工程造价和室内设备工程造价,不包括室外设备工程造价、环境工程造价以及家具设备费用(如教室的桌凳、实验室的实验设备、影剧院的座椅和放映设备)。

影响单方造价的因素有很多,除建筑质量标准外,还受材料供应、运输条件、施工水平等因素影响,并且不同地区之间差异很大,所以只在相同地区才有可比性。

要精确计算单方造价较困难,通常在初步设计阶段可采用概算造价,在施工图完成后再采用预算造价。工程竣工后,根据工程决算得出的造价,是较准确的单方造价。

3. 建筑系数

1) 面积系数

常用的面积系数及其计算公式如下:

$$\text{有效面积系数}=\frac{\text{有效面积}(\mathrm{m}^2)}{\text{建筑面积}(\mathrm{m}^2)}\times 100\%$$

$$\text{使用面积系数}=\frac{\text{使用面积}(\mathrm{m}^2)}{\text{建筑面积}(\mathrm{m}^2)}\times 100\%$$

$$\text{结构面积系数}=\frac{\text{结构面积}(\mathrm{m}^2)}{\text{建筑面积}(\mathrm{m}^2)}\times 100\%$$

有效面积是指建筑平面中可供使用的全部面积。对于居住建筑,有效面积包括居住部分、辅助部分以及交通部分楼地面面积之和。对于公共建筑,有效面积则为使用部分和交通系统部分楼地面面积之和。户内楼梯、内墙面装修厚度以及不包含在结构面积内的烟道、通风道、管道井等应计入有效面积。使用面积等于有效面积减去交通面积。民用建筑通常以使用面积系数来控制经济指标。

提高使用面积系数的主要途径是减小结构面积和交通面积。减小结构面积，可采取以下三种措施：一是合理选择结构形式，如框架结构的结构面积一般小于砖混结构；二是合理确定构件尺寸，在保证安全的前提下，尽量避免肥梁、胖柱、厚墙体；三是在不影响功能要求的前提下，适当减少房间数量，减少隔墙。为了达到减小交通面积的目的，在设计中应恰当选择门厅、过厅、走廊、楼梯、电梯间的面积，切忌过大。此外，合理布局，适当压缩交通面积也是方法之一。

2）体积系数

常用的体积系数及计算公式如下：

$$\text{有效面积的体积系数}=\frac{\text{建筑体积}(\mathrm{m}^3)}{\text{有效面积}(\mathrm{m}^2)}$$

$$\text{单位体积的有效面积系数}=\frac{\text{有效面积}(\mathrm{m}^2)}{\text{建筑体积}(\mathrm{m}^3)}$$

显然，即使面积系数相同的建筑，体积系数不同，经济性也不同。因此，合理进行建筑剖面组合，恰当选择层高，充分利用空间，是有经济意义的。

4. 容量控制指标

1）建筑密度

建筑密度，计算公式如下：

$$\text{建筑密度}(\%)=\frac{\text{建筑基底面积之和}(\mathrm{m}^2)}{\text{总用地面积}(\mathrm{m}^2)}\times 100\%$$

2）容积率

容积率计算公式如下：

$$\text{容积率}=\frac{\text{总建筑面积}(\mathrm{m}^2)}{\text{总用地面积}(\mathrm{m}^2)}$$

基地上布置多层建筑时，容积率一般为1～2，布置高层建筑时，可达4～10。

3）建筑面积密度

建筑面积密度计算公式如下：

$$\text{建筑面积密度}(\mathrm{m}^2/\mathrm{hm}^2)=\frac{\text{总建筑面积}(\mathrm{m}^2)}{\text{总用地面积}(\mathrm{hm}^2)}$$

4）人口密度

人口密度计算公式如下：

$$\text{人口毛密度}(\text{人}/\mathrm{hm}^2)=\frac{\text{居住总人数}(\text{人})}{\text{居住区用地总面积}(\mathrm{hm}^2)}$$

$$\text{人口净密度}(\text{人}/\mathrm{hm}^2)=\frac{\text{居住总人数}(\text{人})}{\text{住宅用地总面积}(\mathrm{hm}^2)}$$

5. 高度控制指标

1）平均层数

平均层数计算公式如下：

$$平均层数(层)=\frac{总建筑面积(m^2)}{建筑基底面积之和(m^2)}$$

$$平均层数(层)=\frac{容积率}{建筑密度}$$

2）建筑控制高度

建筑控制高度是指地段内最高建筑物的高度，有时也用最高层数来控制。城市规划对此往往有控制要求。

6. 绿化控制指标

1）绿化率

绿化覆盖率有时又称绿化率，是指基地内所有乔、灌木和多年生草本所覆盖的土地面积(重叠部分不重复计算)的总和，占基地总用地的百分比。一般新建筑物基地绿化率不小于30%，旧区改扩建的绿化率不小于25%。

2）绿化用地面积

绿化用地面积是指建筑基地内专门用做绿化的各类绿地面积之和，包括公共绿地、专用绿地、宅旁绿地、防护绿地和道路绿地，但不包括屋顶和晒台的绿化，面积单位为平方米。

7. 用地控制指标及有关规定

1）用地面积

用地面积是指所使用基地四周红线框定的范围内用地的总面积，单位为公顷，有时也用亩或平方米。

2）红线

红线可分为道路红线和用地红线两种。道路红线是指城市道路(包括居住区级道路)用地的边界线。用地红线是指各类建设项目用地使用权属范围的边界线。

3）建筑控制线

建筑控制线是规划行政主管部门在道路红线、建设用地边界内，另行划定的地面以上建(构)筑物主体不得超出的界线。征地线表示建设单位(业主)需办理建设征用土地范围的控制线。征地线与红线之间的土地不允许建设单位使用。

4.6　影响建筑设计经济的主要因素及提高经济性的措施

1. 建筑物平面形状与建筑物平面尺寸的影响

建筑物的平面形状与建筑物的平面尺寸(主要是面宽、进深和长度)不同，其经济效果也不同，主要表现在以下三个方面。

1）用地经济性不同

用地经济性与建筑密度、容积率等指标综合相关。一般来说，建筑密度越大，容积率越高，用地经济性越好。同时，建筑物的进深也会影响用地经济性。建筑物的进深越大，越能节约用地。对居住建筑来说，每户面宽越小，用地也越省。

2）基础及墙体工程量不同

基础及墙体工程量的大小，可用每平方米建筑面积的平均墙体长度来衡量。该指标越小越经济。考虑到内墙、外墙、隔墙造价不同,通常分别统计,以利比较。由于外墙造价最高,因而缩短外墙长度对经济性影响最显著。一般来说,建筑物平面形状越方正,基础和墙体的工程量越小;建筑物的面宽越小,进深越大,基础和墙体工程量也越小。

3）设备的常年运行费用不同

方正的建筑平面,较大的进深和较小的面宽,可使外墙面积缩小,建筑的热稳定性提高,这对减少空调与采暖费用是有利的。

进行建筑平面设计时,应力求平面形状简洁,减少凹凸;适当增大建筑的进深与缩小面宽;另外,减少建筑幢数,增加建筑长度也可节省用地。

2. 建筑层数与层高的影响

适当增加建筑层数,不仅可以节约用地,而且可以减小地坪、基础、屋盖等在建筑总造价中所占的比例,还可降低市政工程造价。通过1～6层砖混结构住宅每平方米造价的比较可知,单层房屋最不经济,5层最经济。层数更多时,虽可节省用地,但因公共设施增加和结构形式的改变而影响经济性。

3. 建筑结构的影响

从上部结构来看,应选择合理的结构形式与布置方案。例如,对6层及其以下的一般民用建筑,选用砖混结构是经济合理的,但对需要大空间的建筑,则可能采用框架结构更经济合理。再如,在对住宅的厕所、厨房进行结构布置时,是采用小开间的墙支承小跨度板的方案,还是采用大跨度板支承隔墙的方案,应通过技术经济比较后确定。

对于基础,一是选择基础材料要因地制宜,二是要采用合理的基础形式,三是要确定安全而经济的基础尺寸与埋深,以降低造价。

4. 门、窗设置的影响

从单位面积来看,门、窗的造价大于墙体,特别是铝合金门、窗的造价可高出墙体10余倍。据分析,在一套面积为42m^{2}的住宅中,墙厚240mm,如果将采光系数由1/8提高到1/6,使用普通木窗,则每平方米造价将上升0.5%左右。此外,门、窗的数量与面积还将影响采暖和空调系统的运行费用。因此,设计中应避免设置过多、过大的门、窗。

5. 建筑用地的影响

增加用地,不但会增加土地征用费,还会增加道路、给排水、供热、燃气、电缆等管网的城市建设投资。除上面已提到的节约土地措施外,在建筑群体布置中,也应合理提高建筑密度,选择恰当的房屋间距,使布局紧凑。

学习笔记

课后思考

1. 不同类型的建筑适宜选用什么类型的建筑结构？

2. 经济指标中常用的指标有哪些？

第5章 幼儿园建筑设计

学习目标

1. 了解幼儿园发展概况、分类与规模。
2. 了解幼儿园平面布局、外观造型、空间环境的特点。
3. 掌握总平面图、平面图的布置方法。
4. 掌握幼儿园建筑常用的造型方法。
5. 掌握布置幼儿园室外环境的方法。
6. 培养一定的审美素质，具备项目开发规范化意识。

5.1 幼儿园建筑设计概况

5.1.1 幼儿园建筑国内外发展历史概述

幼儿园是最常见的小型公共建筑之一，本节以幼儿园建筑设计为例进行公共建筑设计的讲解与探讨。幼儿园是对3～6岁幼儿进行科学保育的场所，提供包括活动场所、明媚阳光、良好卫生、营养膳食、人身安全等必备条件，使幼儿身心在舒适的建筑环境中得到健康发展，并在活动中逐步形成良好的行为习惯和个性。

相对于其他建筑类型，幼儿园建筑并没有悠久的历史。虽然历史上曾有许多幼儿教育思想的先驱者竭力倡导婴幼儿的保健、教育，但是幼儿园成为一种被广泛接受和使用的社会设施还是随着近代产业革命的发展而实现的。产业革命促使成千上万的妇女走出家庭，走进工厂，导致社会急需一种解决婴幼儿收容及保育教育问题的机构和场所。

世界上第一个幼儿园是英国的罗伯特·欧文（Robert Owen，1771—1858年）在苏格兰的新拉纳克创办的，当时称“幼儿学校”（infant school）。随着学前教育机构逐步建立，学前教育理论得到了很大的发展。到19世纪后期，学前教育理论便以独立的学科在欧洲出现了。德国的教育家福禄培尔（Friedrich Frobel，1782—1852年）于1837年在勃兰根堡开设学前教育机构，并于1840年正式命名为“幼稚园”（kindergarten），因其设施的完善以及教育方法的独特很快风靡德国，并推广到全世界。时至今日，因其深远的影响，世界各国幼儿教育的各种设施基本都是福禄培尔幼稚园的沿袭。自此后，意大利医生蒙台梭利（Maria Montessori，1870—1957年）开办幼儿学校，取名为“儿童之家”。

我国幼儿社会教育的思想产生于清朝末年。康有为在《大同书》(1891年)中提出3～6岁的幼儿应入育婴院，并从总图布局、环境考虑、单体设计以及教育目的、方法、幼儿保健等各方面对育婴院作了较详尽的说明。这是我国早期对托幼机构较为完整的设想。清末由张之洞、张百熙、荣庆合制定的《奏定蒙养院章程及家庭教育法章程》中，包括了蒙养院章程和家庭教育法章程，规定各州、县、市建立蒙养院（又称幼稚园），并提出蒙养院房舍设计的具体要求。并于1903年开办了中国第一所公办的幼稚园——武昌模范小学蒙养院。我国后续相继产生了各种形式的早期幼儿教育机构。

近年来我国幼教事业的发展，教育模式的改革，都大大促进了幼儿园建筑模式在环境、功能、造型、设施及空间塑造等各方面进一步发展、完善。针对幼儿生活空间环境进行有目的、有计划地创设，使幼儿园建筑不仅更加符合幼儿身心成长的特点，以满足幼儿身心发展的特殊需要，而且使之具有独特的个性和风格，体现本民族的民风民俗、文化传统、生活习惯、地域特征等，以便更有利于幼儿的生长发育和满足幼儿各项活动的开展，使幼儿在充满童趣的、美好的、童话般的世界里幸福快乐地成长。

5.1.2 幼儿园建筑的分类

幼儿园由于其服务对象的生理心理特征以及保教活动的独特方式，决定了幼儿园建筑必须满足幼儿的特殊使用要求。生理上应符合幼儿的尺度特点，应考虑从环境设计、建筑造型到窗台、踏步等细节。而在心理需求上充分表达“童心”的特点，激发幼儿对周围的好奇与认识的兴趣。另外，对于幼儿的生活规律、安全、防疫等都给予周全考虑。

幼儿园机构的类型，根据受托的时间、建筑方式、教育办学特点等方面有以下类型。

1. 按受托方式分

整日制幼儿园：整日制或称日托是指幼儿白天在幼儿园内生活8～10h，傍晚由家长接回家，这种类型幼儿园的特点是建筑面积和设备都较经济，管理简便，人员编制较少。因此，这种类型是目前我国幼儿园机构的主要形式。

寄宿制幼儿园：寄宿制或称全托是指幼儿昼夜都生活在幼儿园内，每隔半周、一周及节假日由家长接回家团聚，这种幼儿园在建筑面积、设备和管理上都要偏大偏难，据有关调查资料反映，寄宿制幼儿园内的儿童容易形成孤僻的性格，对问题反应迟钝。因寄宿制幼儿园存在一些缺陷，在目前情况下该类型幼儿园数量不多。

混合制幼儿园：即以整日制班为主含若干寄宿制班。

2. 按建筑方式分

在单独地段设置的独立幼儿园：这种幼儿园有与外界分隔的单独地段，不易受到外来的干扰，便于管理和有利于建筑功能分区，能保障幼儿园内有一定的活动场地和种植园地。无论建筑本身集中或分散，都不受其他建筑的制约，是一般新建幼儿园的主要形式。

与居住、养老、教育、办公建筑合建的幼儿园：这种幼儿园只适于一些规模较小（3个班及以下）的幼儿园，但要注意应设独立的疏散楼梯和安全出口，应设独立的室外活动场地，并应采取隔离措施，以保障幼儿的安全和卫生防疫。当幼儿园规模在3个班以上时不应选用该类型。

5.1.3 幼儿园的规模

1. 幼儿园规模的分类

幼儿园规模及每班的容纳人数(班容量)是根据幼儿年龄的差异而反映出其生活自理能力的不同及保教人员的工作量决定的。幼儿园规模一般按3、6、9、12等3的倍数确定其班级数,这样可使幼儿园大、中、小班都有,有利于总结、交流教学经验,适应不同年龄幼儿特点,提高教学质量。

幼儿园按规模可划分为下列三类:大型幼儿园——9～12个班及以上;中型幼儿园——5～8个班;小型幼儿园——1～4个班。

2. 幼儿园规模大小的确定

班数是幼儿园规模大小的标志。幼儿园规模以有利于幼儿身心健康,便于管理为原则,通常以5～8个班(即中型幼儿园)为宜。幼儿园规模过小会使设施利用率低,管理人员潜力难以充分发挥,经济性较差,班级数量少也不利于幼儿园开展教研活动。但小型幼儿园也有其建设快、布点多、管理方便、利于接送幼儿的优点。

5.1.4 幼儿园的基地选择

1. 幼儿园基地的选址要求

1) 布点应适中

幼儿入托都是由家长、亲人接送的。因此在选址时,首先要考虑接送幼儿的路线要短且便捷。对于设在居住区内的幼儿园应考虑合理的服务半径,宜为300m,最大不超过500m。

2) 环境应安静

为保证幼儿园有一个良好的安静环境,幼儿园选址必须远离噪声严重的铁路线、主要交通干道、噪声源大的工厂、实验室等地方。同时,不应邻近人流密集、喧闹的公共活动场所,例如影剧院、歌舞厅、体育场(馆)、旅馆、商场等大型公共建筑。

3) 环境应卫生

幼儿园应避开会散发各种有害、有毒、有刺激性气味及各种烟尘、污水的地段,以确保幼儿园有清新的空气和整洁舒适的环境。阳光和空气对于幼儿来说是促进其身心健康发展的极重要因素。因此,应保证基地开阔,有足够的日照和良好的通风条件,应避免处于多、高层建筑群的包围之中,或夹缝里,更不应处于其他建筑物的常年阴影区内。

4) 环境应优越

幼儿园应是幼儿的乐园,在优美的自然环境中,可以陶冶情操,对形成良好的、开朗的个性也极为有利。因此,幼儿园选址应选在环境优美的地段,有良好的景观条件,或具备能创造优美环境的空间条件。

5) 地段应安全

幼儿园最好设在远离城市交通繁忙干道的独立地段,远离人流密集、人员嘈杂的公共区域。基地上空不得有高压供电线通过。基地范围内地势应平坦,不可有易引发人身伤害的障碍物和沟坎。

6）用地面积应符合规范要求

满足幼儿园用地面积要求（表 5-1）的重要性在于：幼儿园选址不仅要考虑能容纳下总建筑面积，以保证幼儿园教学、管理、生活的正常开展，更重要的是要保证有足够的室外活动场地和绿化面积，以保证幼儿在室外能够进行各项活动，接收到充足阳光。

表 5-1 幼儿园各类用房人均使用面积与建筑面积指标

类型	用房类别		面积指标（m^2/人）			
			3 班	6 班	9 班	12 班
全日制	幼儿活动用房		5.10～6.30	5.10～6.30	5.00～6.20	4.90～6.10
	服务用房		0.49～0.74	0.99～1.24	0.84～1.07	0.69～0.90
	附属用房		0.60～0.80	1.22～1.34	1.15～1.26	1.08～1.18
	人均使用面积合计		6.19～7.84	7.31～8.88	6.99～8.53	6.67～8.18
	人均建筑面积合计	$K=0.6$	—	12.18～14.80	11.65～14.22	11.12～13.63
		$K=0.7$	8.84～11.20	10.44～12.69	—	—
寄宿制	幼儿活动用房		5.10～6.30	5.10～6.30	5.00～6.20	4.90～6.10
	服务用房		0.55～0.80	1.05～1.30	0.90～1.13	0.75～0.96
	附属用房		0.83～1.08	1.43～1.55	1.36～1.47	1.29～1.39
	人均使用面积合计		6.48～8.18	7.58～9.15	7.26～8.80	6.94～8.45
	人均建筑面积合计	$K=0.6$	—	12.63～15.25	12.10～14.67	11.57～14.08
		$K=0.7$	9.26～11.69	10.83～13.07	—	—

2. 幼儿园的位置布置

在城市居住区改造与建设中，作为配套公建之一的幼儿园，有位置选择的问题，需要根据规划设计而定。根据居住区的规模与规划设计，幼儿园的位置选择有如下方式。

1）布置于小区入口

当一个住宅小区规模不大，按合理服务半径，只需设一所幼儿园时，幼儿园宜选点在接近小区入口附近，这里是居民上下班进出小区的必经之地。特别是双职工早晨时间非常紧张，这样方便他们在早晨上班赶车，或下午下班回来途经小区幼儿园时接送孩子。但是小区入口又是人流、车辆瞬时较集中的地方，因此幼儿园布点应注意与小区入口保持一定退后距离，以形成安全缓冲地带。

2）布置于小区中心

在一个居住小区内，其小区中心的服务半径以 300m 为适宜。幼儿园位于这个小区中心，可使家长接送幼儿的距离适中，如果小区中心有其他一些公共服务设施，也便于居民进行活动。但在布局上最好与小区中心的公共绿地结合在一起，以创造幼儿园良好的外部环境和小气候。位于小区中心的幼儿园由于服务范围较大，办班规模也相应较大，通常为 9～12 个班的规模。

3）布置于住宅组团之间

在居住规模相对于居住小区比较小的“邻里单位”，除配置相应的商店、公共活动中心等外，也需在住宅组团之间布置托幼机构，相对位于小区中心的幼儿园，此类幼儿园布点适中，与各住宅组团距离均等，环境清净安全，不受城市交通干扰。建筑群体高低错落，可丰富住宅组团的空间布局。此类幼儿园办班规模一般为 5～8 个班。

4）布置于住宅组团内

当幼儿园位置在一个住宅组团之内时，相应加大了幼儿园布点的密度，且位置的选择更灵活，服务半径更小，家长接送幼儿距离更近，相应办班规模可更小。但就我国国情而言并不适宜，因为这样小规模的幼儿园的运行成本较高。

5.2 幼儿园的总平面布置

5.2.1 幼儿园建筑功能组成

幼儿园建筑最基本的功能组成包括建筑、室外活动场地、绿化用地、道路和后勤用地（图 5-1）。上述各功能组成部分所包含的相关内容如下。

图 5-1 幼儿园总平面组成

1. 建筑部分

（1）幼儿生活用房：包括各班级生活单元（活动室、寝室、卫生间、衣帽贮藏室）、多功能活动室及公共活动空间（美工室、科学发现室、图书室、舞蹈室、大型活动室等）。

（2）服务管理用房：包括医务室、隔离室、晨检室、办公室、会议室、资料室、教具制作室、值班室、贮藏室、传达室等。

（3）供应用房：包括厨房、消毒室、开水间、洗衣房等。

2. 室外活动场地部分

（1）各班级专用室外活动场地。

（2）全园共用室外活动场地：包含器械活动场地、集体活动场地、30m 跑道、沙坑、游泳池、戏水池等。

3. 绿化用地部分

(1) 幼儿园与外界隔离的绿化带。

(2) 集中绿地。

(3) 景观绿化。

(4) 种植园地。

4. 道路部分

(1) 入口广场。

(2) 园内人行道。

(3) 庭园小径。

(4) 机动车道。

5. 后勤用地部分

(1) 杂物院。

(2) 晒衣场。

(3) 垃圾箱。

5.2.2 总平面功能分析

幼儿园各组成部分的功能关系(图5-2)特点如下。

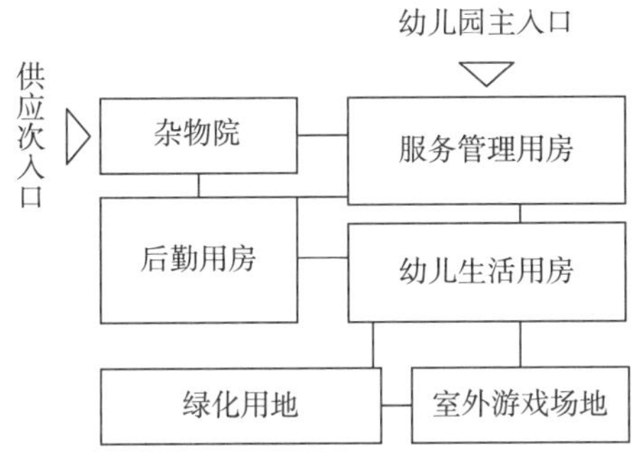

图5-2　幼儿园总平面布置关系

(1) 幼儿园对外出入口至少应包括幼儿园主入口和供应次入口,两者应适当拉开距离。

(2) 幼儿生活用房(包括各活动单元和公共活动室)应处于幼儿园用地最佳位置,且保证有良好的南北朝向和自然通风。

(3) 幼儿室外活动场地按各自活动内容自成一区,都有较好的南朝向。其中,室外活动场地应有1/2以上的面积在标准建筑日照阴影线之外。

(4) 服务管理用房应与幼儿园主要入口毗邻,便于管理,并与幼儿生活用房方便联系。

(5) 供应用房应处于幼儿园边缘地带(有条件的最好处于幼儿园用地的下风区域),与辅助入口紧邻,便于货物和垃圾出入。

(6) 绿化用地最好是一块较大的完整面积,可用来种植观赏植物,作为幼儿认识大自然的课堂。

5.2.3 总平面布置的基本形式

幼儿园建筑虽属小型公共建筑，但功能性强，服务对象属特殊群体。因此，总平面布置必须符合幼儿园教学的特殊功能要求。其关键是处理好建筑与场地两者的相互关系。

幼儿园总平面布置的基本方式可归纳如下（图 5-3）。

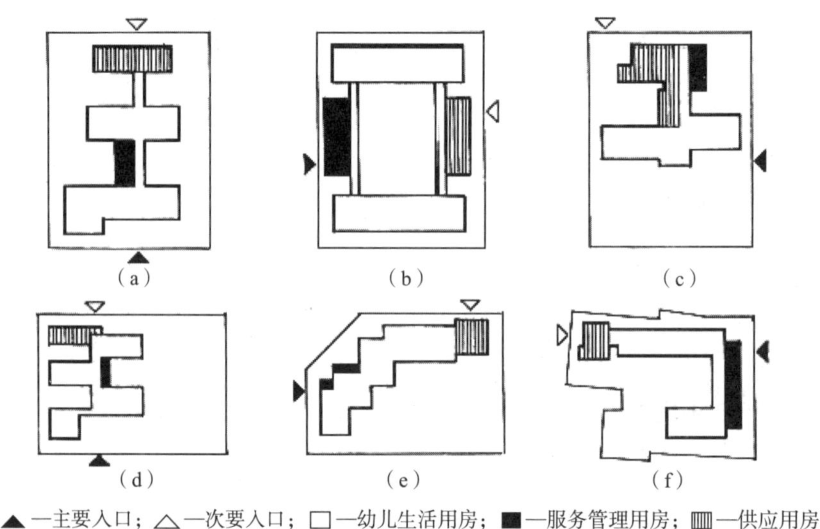

图 5-3 幼儿园总平面布置方式

1. 幼儿园主体建筑占据用地较中心位置，将室外空间分割成若干不同功能部分

该布置方式的优点是，幼儿生活用房都有良好的采光、日照条件，各班级室外活动场地互不干扰，建筑体形活泼轻快，体量适宜幼儿活动空间。但这种总平面布置的最大缺点是建筑占地较大，室外空间被分割太零碎，且不够开阔。而各班级室外活动场地虽然可满足面积定额要求，但场地部分区域会处在前幢建筑的长年阴影区内（图 5-4），使场地日照范围和卫生条件受其影响。同时，空间围合较封闭的班级室外活动场地可能会造成通风条件欠佳。因此，采用这种总平面布置方式时，应注意尽可能在好方位的地方留有一块较大的室外场地，作为公共活动场地或绿地。同时班级活动场地的围合要在东、东南或南向留有开口处，以利形成穿堂风，改善通风条件。

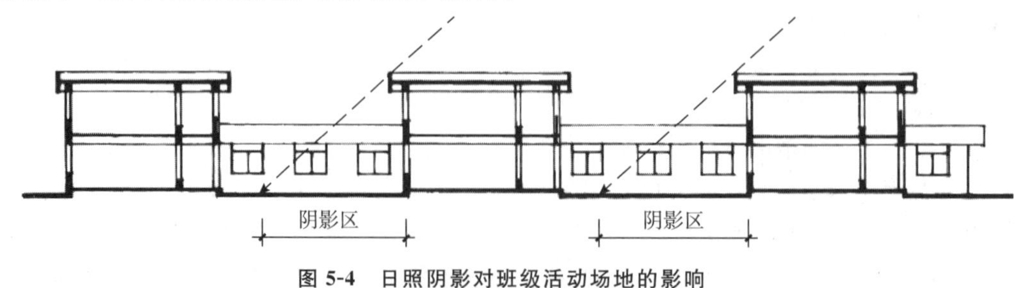

图 5-4 日照阴影对班级活动场地的影响

2. 以室外活动场地为中心，环绕布置建筑各功能区域

这种布置方式可以在用地有限的条件下，获得中间较大而完整的室外空间。由于集中的室外活动场地周边需布置各类用房，必然会产生一部分朝东、西向的用房。设计时，应首先保证幼儿生活用房布置在南北向，而将服务管理用房和供应用房布置在用地的东、西两侧，并妥善解决好东、西晒问题。主、次要出入口也宜分别设置在东、西两侧，使流线适中。

这种布置方式的优点是各类用房易形成向心力，室外活动场地易形成幼儿园特有的活跃气氛，有利于幼儿园管理和园长对幼儿园室外教学的观察与检查。但是需注意，中心的室外活动场地应有一定大的面积规模，要能容纳下规范所规定的必须有的室外活动内容及相应的活动器具。否则，此种布置方式中间只能形成内庭院空间形态，而不能满足幼儿需要在室外进行活动的要求。

3. 主体建筑与室外活动场地呈南北方向布置

这种布置方式多是由于用地条件东西向较窄，南北向较长而形成的。此时，宜将主体建筑布置在用地的北半部，将室外活动场地处于用地的南半部。

这种布置方式的优点是，无论主体建筑还是室外活动场地，都能获得良好日照与通风条件；而且各幼儿生活用房向南视野开阔，有利于幼儿心理的健康发展。此外，主体建筑居北还可阻挡冬季西北寒风对室外活动场地的侵袭，有利于幼儿在冬季也能开展适宜的室外活动。主要出入口宜设在东或西侧并接近主体建筑，可使园内道路面积节省。但此种布置方式应避免在用地南面作为主要出入口，一是防止园内道路过长，二是避免人流穿越室外活动场地。如果确因周边道路条件限制，必须在用地南面设主要出入口时，也应将主要出入口布置在南面边界的两端。此种总平面布置方式的缺点是各班级室外活动场地不易组织，需通过建筑设计创造屋顶活动场地来解决。

4. 主体建筑与室外活动场地呈东西方向布置

当幼儿园用地条件呈东西向长、南北向短时，常采用这种布置方式。其中，宜将主体建筑布置在用地之西半部，而将室外活动场地布置在用地东半部。其原因是东面活动场地较西边活动场地可获得良好的东南风，并在一定程度可避免冬季西北风，且对于避免西晒也有一定好处。

这种布置方式的优点是，无论主体建筑还是室外活动场地都能获得良好的日照和通风条件，而且室外活动场地比较完整开阔。但是，相比主体建筑与室外活动场地呈南北布置的方式显得欠缺的是，这种总平面布置使各幼儿生活用房与室外活动场地呈横向联系，相互之间的对话关系不够紧密。

5. 主体建筑与室外活动场地各据用地一角

这种布置方式宜使主体建筑呈L形布置在用地西北角，而室外活动场地布置在用地的东南角。适合这种布置方式的主要出入口宜布置在西侧，或南侧西端。

这种布置方式的优点是主体建筑与室外活动场地的功能关系有机而紧密。特别是L形的建筑组合形态开口面向东南，十分有利于夏季通风，且冬季又可形成室外活动场地的避风“港”。主体建筑的造型与室外活动场地的气氛相互交融，易形成个性突出的幼儿园建筑环境特色。

6. 因地制宜的总平面布置方式

经规划新建的幼儿园一般用地比较规整，对总平面布置较为有利，可结合用地具体情况，借鉴上述总平面布置中的一种方式。但在旧城建幼儿园时，由于受现状条件的限制，用地常不规整，又要考虑与保留建筑的结合，往往给总平面布置带来诸多困难。但是，即使在这种较为不利的情况下，也应力求把总平面布置调整得尽可能合理。首先要因地制宜地处理好各类用房的平面形式与用地形状的有机关系，最大限度地满足各类用房，特别是幼儿生活用房的采光、通风、日照条件要优先得到保证且各类用房体量的组合要自然和谐。在此基础上尽可能在好方位地段留出较大的室外活动场地，或采取其他有效措施（如屋顶室外活动场地）弥补用地不足。

5.2.4 总平面图的案例分析

1. 某幼儿园案例 1

该幼儿园用地较规整，但办园规模较大（12 班），总平面图如图 5-5 所示。为了使室外活动场地完整，以利幼儿室外活动区的布置和便于教学管理，并考虑该幼儿园地处苏北地区，冬季较寒冷，因此主体建筑呈 L 形，位居园地西北角，而室外场地可占据最好的方位——东南角。

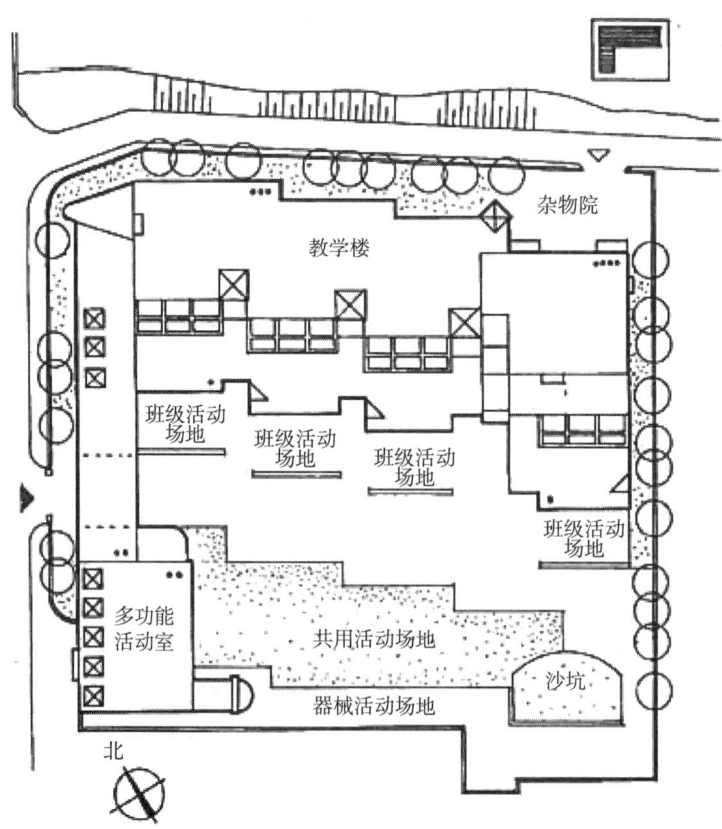

图 5-5 某幼儿园总平面图

主体建筑12个活动单元的组合顺应北面的河流形态呈一字形阶梯状走势，正好在东北角形成一个小院落，作为供应用房区的杂物院，且与幼儿园物流的次入口关系紧密。

该幼儿园主入口西邻城市道路，透过架空连廊可直视园内景观，并不显入口局促。西南角建筑底层为办公用房，二层为多功能活动室。

该幼儿园总平面设计以L形建筑布局，在一定程度上隔绝了外界不利因素对幼儿园教学活动的干扰。建筑布局虽然集中紧凑，但通过建筑体量的退台及屋顶小品，使幼儿园建筑形象生动活泼，尺度适宜。其最大的优点是幼儿室外活动场地完整、开阔，环境气氛充分表达了幼儿园的特定个性。

2. 某幼儿园案例2

该幼儿园由于办园规模较大(15个班)，总平面设计适宜周边布置建筑，在限制层数的情况下，可尽量扩大建筑面积，以满足各房间内容的安排。因此，该幼儿园总平面设计以完整的室外活动场地为中心，周边布置各功能用房(图5-6)。

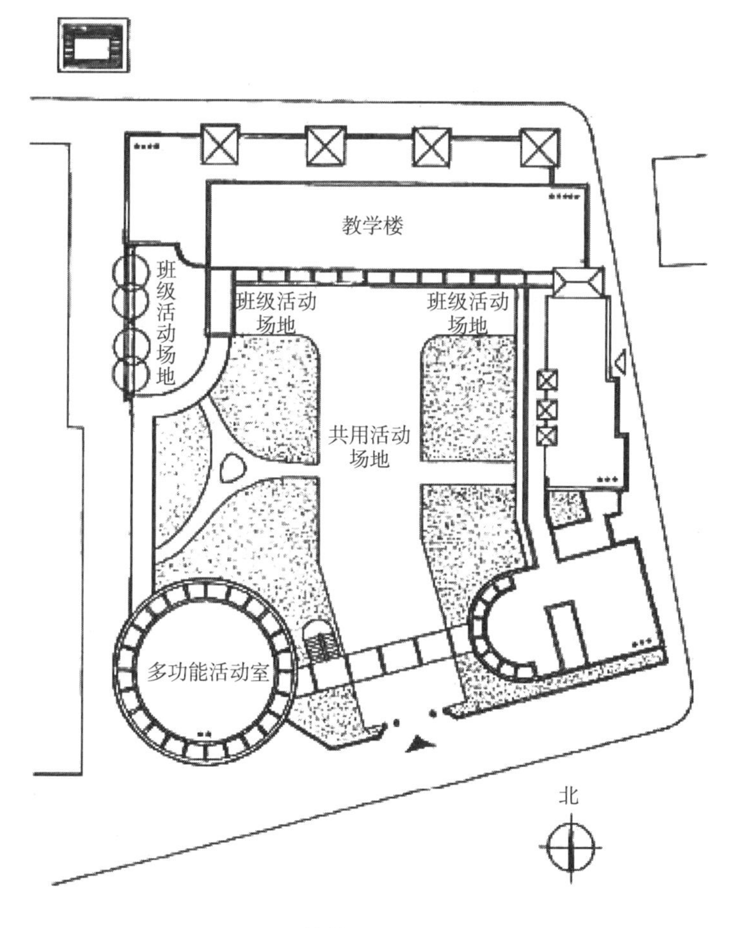

图5-6　某幼儿园总平面图

5.3 幼儿园建筑设计的平面布置

5.3.1 幼儿园平面功能关系

幼儿园平面功能关系见图 5-7。应注意以下几点。

(1) 应结合用地条件,合理布置园舍与活动场地的最佳布局,充分满足各自的使用需求。

(2) 幼儿用房、管理用房、后勤用房三大功能分区明确,功能关系有机。

(3) 班级活动单元各幼儿用房布置紧凑,满足日照通风要求。

(4) 有利于创造造型的小尺度特征。

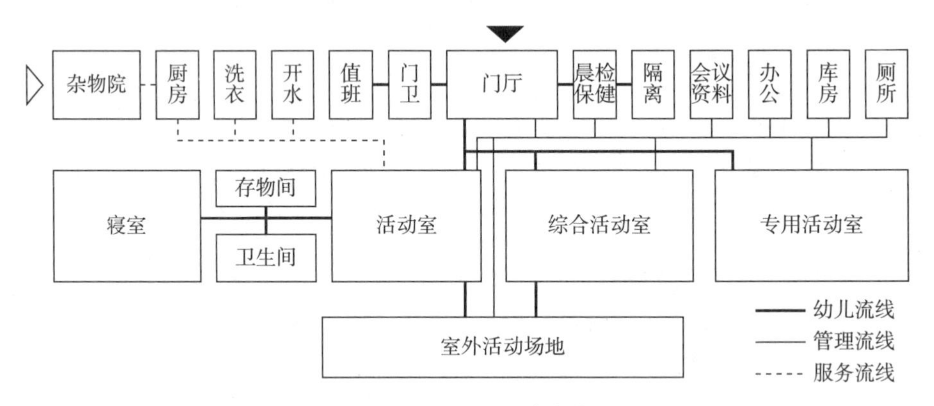

图 5-7 幼儿园平面功能关系

5.3.2 幼儿园平面组合方式

幼儿园建筑的三大功能区组成部分,因其不同的位置关系会产生不同类型的平面构成方式,主要有以下三种。

1. 分散式

这种组合方式是将幼儿生活用房、服务管理用房、供应用房三者各自独立设置。其中应保证幼儿生活用房处于用地的最佳位置,且各方面要求都得到满足。服务管理用房宜设在幼儿园主入口处,便于每日晨检和对外联系。供应用房应设于用地偏僻的一角,自成一区,并与幼儿园次入口靠近,便于货物进、垃圾出。此种平面组合方式因建筑布局过于分散而占地较大,且三者联系不大,特别是在雨雪天气更感不便,最好设置廊道,但这样又势必增加了交通面积。

2. 集中式

这种组合方式是将幼儿生活用房、服务管理用房、供应用房集中布置在主体建筑内。但无论怎样集中布置,都要首先保证幼儿生活用房的采光、通风、朝向等要求。因此,它要置于用地的最佳位置，而供应用房设于主体建筑的后端，且与幼儿园次入口有方便联系；服务管理用房要设于主体建筑前端，与幼儿园主入口接近。这种平面组合方式能节约用地，交通面积较少，幼儿园的三个功能部分联系方便。但应注意要妥善处理好供应用房与幼儿生活用房的关系，避免干扰。

3. 半集中分散式

除了上述分散式和集中式建筑布局外，还常采用半集中分散式。即将供应用房与幼儿生活用房毗邻，而将服务管理用房独立设置；或者将服务管理用房与幼儿生活用房毗邻，而将供应用房独立设置。前者可减少外来人员对幼儿生活用房的干扰；后者因供应用房单独设置，不但可相应降低这部分建筑的标准，从而节约投资，而且可以最大限度减少供应用房对幼儿生活用房的干扰。但应注意两者的距离不能过远。

5.3.3 幼儿生活用房的平面组合方式

1. 并联式

利用水平廊道将若干活动单元并列连接呈一字形、锯齿形、弧形等(图 5-8)。因建筑进深较浅，各班活动室、寝室都能得到良好的采光、日照、通风，而且底层各班都有就近的室外活动场地，使用方便。但是，当拼接单元较多时，交通流线会过长，特别是南廊的并联式因活动室窗台较低，过往人流常常影响活动室内幼儿的注意力。如果将廊道布置在活动室北面(南方地区可敞开，北方地区宜封闭)可在一定程度上减少这种外界干扰。

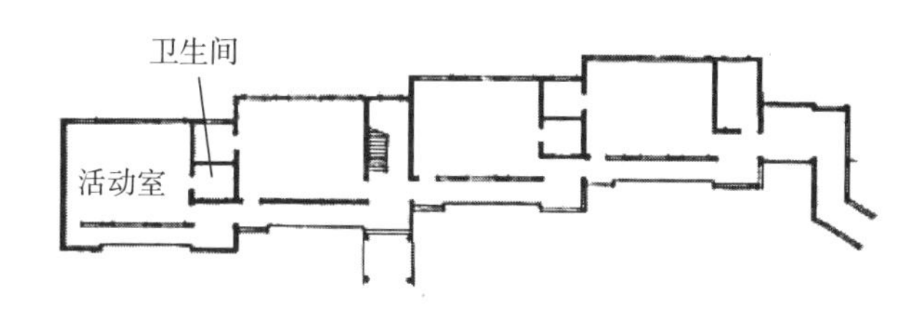

图 5-8 某幼儿园并联式单元组合

2. 分枝式

用连廊将呈行列的若干活动单元像树枝一样串联起来(图 5-9)。活动单元可在连廊一侧，也可交错布置在连廊两侧。每一“枝”以一个活动单元为宜。此种布局的突出优点是每班都可自成一区，卫生隔离较好。每个活动单元都有良好的朝向、采光、通风条件。而且，活动单元之间的间距可作为班级活动场地，使用与管理均方便。这是我国幼儿园采用比较多的一种活动单元组合方式。

3. 内院式

以内庭院为中心，用连廊或用服务管理用房、供应用房将两排若干活动单元连接(图 5-10)。这种内庭院的空间尺度适宜，可成为幼儿展开各种中小型活动的场所，也可成为可观赏的花园空间，具有我国传统的四合院格局。

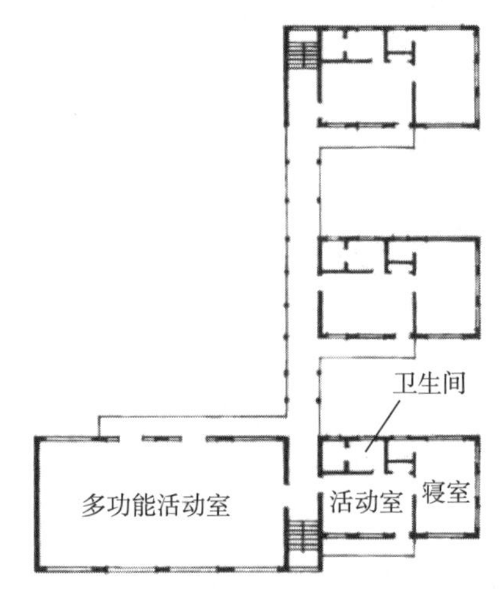

图 5-9　某幼儿园分枝式单元组合

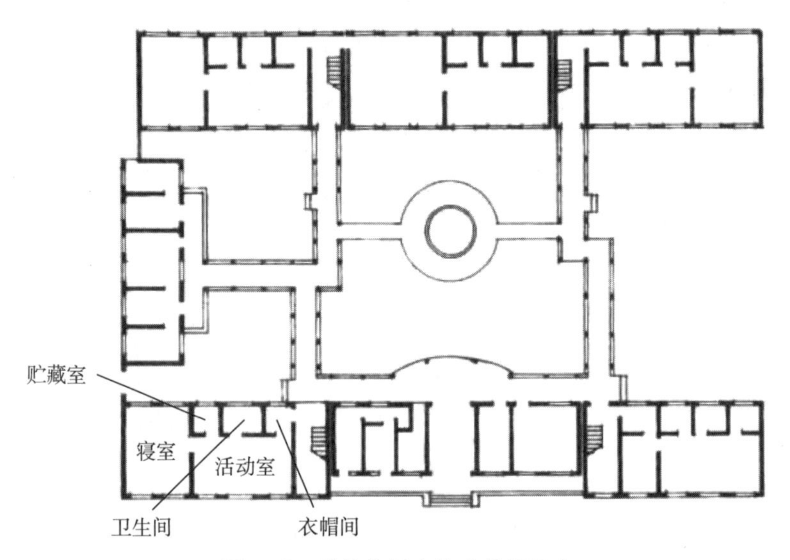

图 5-10　某幼儿园内院式单元组合

4. 风车式

以中央大厅为核心，各活动单元按四个方向呈风车形的布局，同时将室外空间划分成互不干扰的班级活动场地(图 5-11)。为了争取好朝向，一般将活动单元布置在东、南、西三翼，而北翼因缺少阳光，只宜布置供应用房。这种布局的特点是平面紧凑，交通面积小，节约用地。中央大厅可以通过种种设计手法使其成为空间的趣味中心。

但是，此种布局容易造成中心部位的自然采光、通风条件较差。改善的办法是用玻璃天窗形成中庭，这又会增加对玻璃顶的清洁工作，同时又要保证它的安全性。此种布局多适合于北方地区。

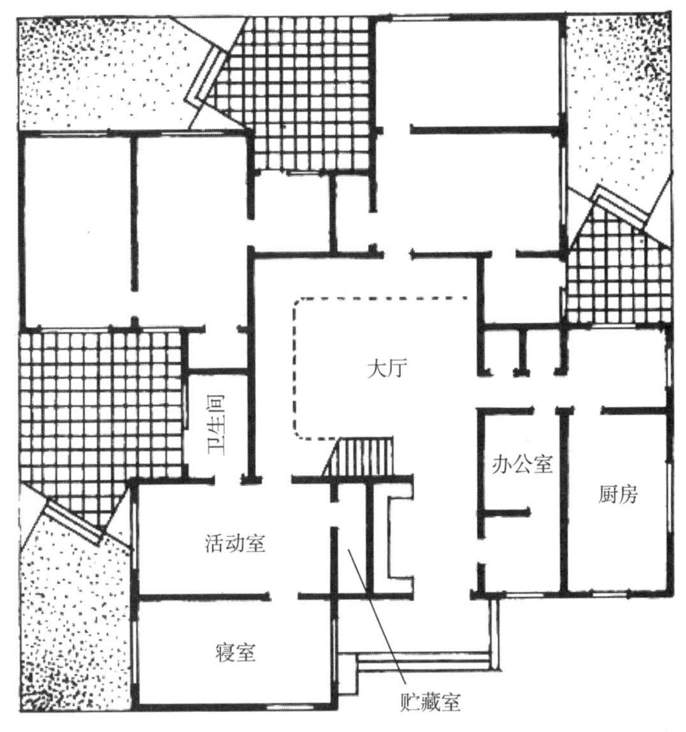

图 5-11 某幼儿园风车式单元组合

5. 放射式

以垂直交通或大厅为核心，向若干放射方向布置各活动单元。各班自成一区，在形体上创造出别具匠心的构思。但是，这种布局方式将导致各活动单元在朝向、采光、通风条件方面有不均衡状况。

6. 自由式

在不规则基地内为了更充分利用土地，常常因地制宜地自由布局建筑的各个组成部分，使其平面形式与基地形状有机吻合(图 5-12)。

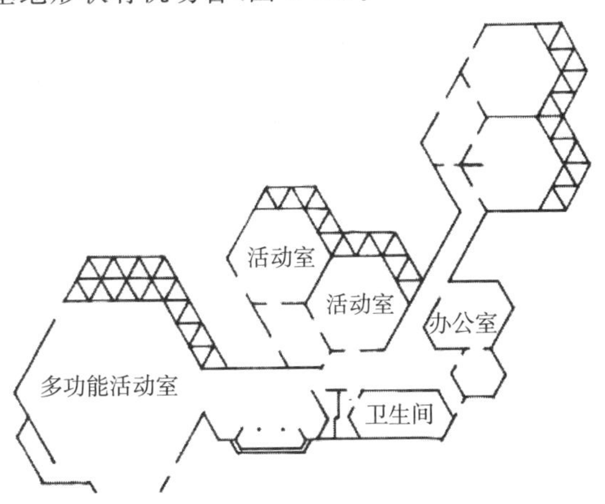

图 5-12 某幼儿园自由式单元组合

为了强调幼儿园建筑的活泼个性，在满足使用要求的情况下，常将若干活动单元灵活自如地组合，使其尺度更小巧，造型更生动，诸如蜂窝形、台阶形等。这些形式不受一定平面构图的限制，表现出更为灵活的设计手法。

5.3.4 活动室设计的一般原则

活动室是幼儿进行各种室内活动的场所，也可以看成是一个小型的多功能活动空间。内部平面布置方式如图 5-13 所示。幼儿在活动室内可以进行上课、桌面活动、讲故事、唱歌、舞蹈、开展兴趣小组活动、玩游戏、吃饭，甚至可以搭床铺午睡等。为了适应上述幼儿园教学活动的众多要求，在进行活动室设计时应考虑下述要求。

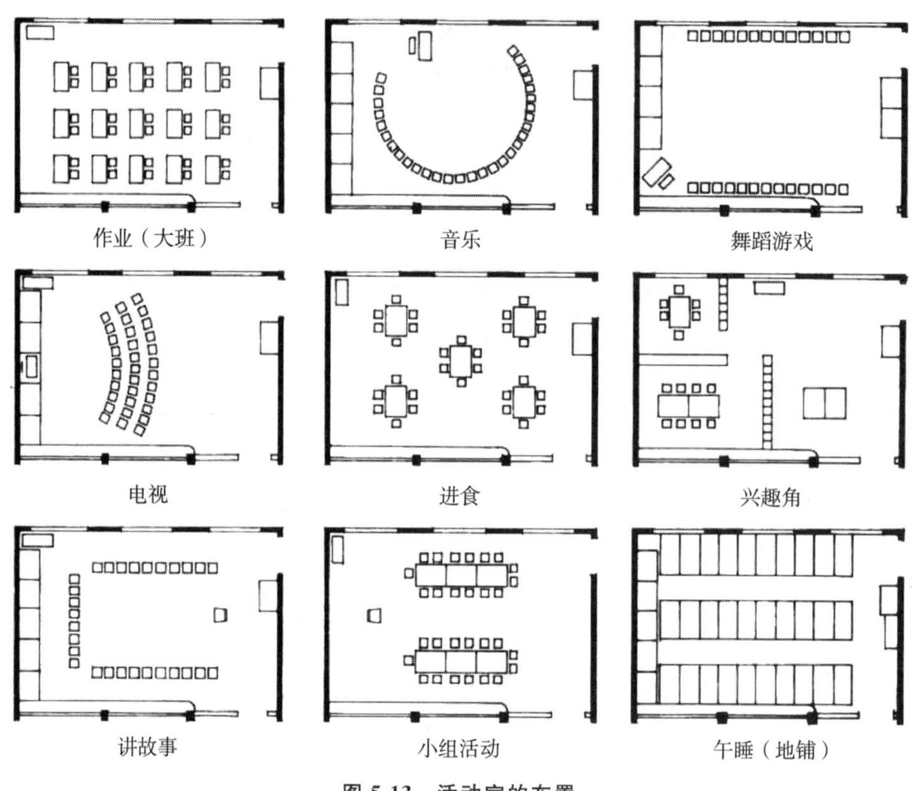

图 5-13 活动室的布置

1. 活动室的平面形式

(1) 活动室的房间平面以长方形最为普遍，主要是因为矩形平面的结构简单、施工方便，与家具的形状及其布置方式易取得一致。而且空间完整，也容易满足使用要求。应注意矩形平面的长宽比一般不大于 2∶1，长宽高比例以 3∶2∶1 为宜，并且以长边作为采光面，以获得良好的日照、采光和通风条件。

(2) 为了使活动室内部空间有一种活泼感，适合幼儿心理的特征，有时从幼儿园建筑总的设计意图出发，可以打破矩形活动室的格局，采用扇形、六边形、八边形及不规则形状等平面形式，以求幼儿园建筑的多样性。但要注意当采用进深较大形状的活动室时，必须有双面采光，以免因进深过大而造成活动室采光不均匀、通风不畅和部分面积阳光照射不到。

2. 活动室的采光和通风

1) 活动室的采光条件要求

为使幼儿健康成长，创造良好的环境质量，活动室应明快、敞亮，有充足而均匀的天然采光。合理选择活动室的进深、窗口设置及平面布置方式是满足采光要求非常重要的条件。

(1) 进深大的活动室应尽量采用双面采光，单侧采光的活动室进深不宜超过 6.6m。

(2) 尽量减少窗间墙的宽度及适当提高层高，以增加窗口采光面积和照射深度。

(3) 楼层活动室设置的露台及阳台，不应遮挡底层生活用房的日照及采光。

(4) 有条件的活动室可设置天窗，但要注意构造处理。

2) 活动室良好的通风条件要求

(1) 为满足夏季的通风要求，活动室宜设为南北向房间。

(2) 应选择有良好通风的平、剖面形式。

(3) 尽量利用夏季主导风向及地区小气候组织穿堂风，使室内散热快，以减少闷热感。

(4) 在寒冷地区，应防止冬季的冷风直接侵入室内，注意解决活动室的保温及换气问题。

3. 活动室内的家具与设施设计

幼儿活动室内常用的家具、设备，分为教学类如桌椅、玩具柜、教具、作业柜、黑板及风琴等，以及生活类如餐桌、饮水桶及口杯架等。

1) 幼儿活动室家具设备设计的一般要求

(1) 应根据幼儿体格发育的特征，适应幼儿人体尺度、人体工学的要求。

(2) 应考虑幼儿使用的安全和方便，应简洁、坚固、轻巧、便于擦洗。

(3) 造型和色泽应新颖、美观，富有启发性和趣味性，以适应幼儿多种活动的需要。

(4) 有效利用空间，尽量减少家具、设备所占面积，以保证室内有足够的活动及活动面积。

2) 幼儿活动室的家具及设施

(1) 桌、椅是幼儿开展日常活动所需要的基本家具，主要用于活动、进食，较少用于上课、作业，也是决定活动室面积的主要因素。桌、椅的设计及尺寸应根据幼儿生理卫生、使用特点及大、中、小班不同年龄幼儿的正确坐姿等确定所需尺寸。我国《城市幼儿园工作条例》中规定幼儿园桌、椅基本尺寸。桌、椅在适用的前提下，造型和色彩应尽可能富有童趣。作为不可缺少的常备家具，位置应置于幼儿能直接取用的部位，大多沿墙放置，高度不宜超过 1.8m，深度不宜超过 0.30m。

(2) 玩具柜还可用来划分不同的使用区域，一般都结合房间设计统一考虑，它既能存放物品，又可用以划分空间，使室内整齐美观。嵌墙壁柜是达到空间完整的另一种处理手法。例如，利用房间凹角，或将隔墙加以不同处理做出壁柜，采暖地区也可利用暖气罩之间的空间制作通长的玩具柜等。

(3) 图书架:以摊开封面放置为佳,高度也应符合幼儿使用的要求。

(4) 分菜桌:应位于活动室入口附近,用于放置饭桶、菜盆和开水桶。

(5) 水杯架:按卫生防疫要求,每一幼儿应独自使用水杯,因此,水杯架要有足够的存放小格,水杯架应位于开水桶附近。

(6) 黑板:幼儿园的上课时间很少,需要在黑板上书写的时间要比中小学少得多,这就决定了黑板面积不需过大。一般为(0.60～0.70)m×(1.50～2.00)m,黑板底边距地0.50～0.60m。黑板有固定式和活动式两种。

(7) 展示板:幼儿最乐意展示自己的作品,可在活动室一面墙上设置展示板。

4. 卧室

卧室主要供幼儿睡眠,功能比较单一。养成良好的睡眠习惯是促进幼儿身体健康的必要条件之一。因此,为保证幼儿充足的睡眠,幼儿园必须提供一个安静、舒适的睡眠空间。

1) 卧室的朝向、采光和通风要求

3～6岁的幼儿一般每天需午睡为2～2.5h,整日制幼儿园卧室的使用率较活动室低,朝向要求也不及活动室严格,但也要尽可能争取好的方位,多接受阳光照射。冬季不采暖而又较冷的地区和虽有采暖设备的严寒地区,卧室不应朝北设置,以免室温过低,特别是得不到一定的阳光紫外线照射,影响幼儿健康,炎热地区夏季要防止靠南向外窗的床位受阳光照射,宜采取出檐、遮阳等措施。

卧室的采光可低于活动室,为保证幼儿午睡时不受强烈光线的刺激,卧室的采光不应过亮,且最好设置深色窗帘。

由于卧室内睡眠的幼儿多,如果长时间通风不良,不利于幼儿机体代谢,影响熟睡程度。特别是呼吸道传染病多发季节容易造成交叉传染。因此,在确定合理的净高(不应低于3.0m)以保证卧室有足够的空气容量外,还要保证良好的通风条件,但注意要避免风直接吹到幼儿头部。

2) 卧室的布置与平面形式

卧室宜每班独立设置。其中,寄宿制幼儿园的卧室必须是独立的专用空间。

对于全日制幼儿园的卧室可有三种布置方式。

(1) 在活动单元内独立设置:这种布置方式可做到活动室与卧室功能分区明确,使用方便,易保持各自空间的独立整洁。但是,卧室仅为午睡用,使用率较低。

(2) 与活动室空间合并设置:这种布置方式空间开阔,可根据需要进行功能的调整。由于床具在活动空间明露,如果室内处理不当,易产生凌乱,可增设灵活隔断加以改善。

(3) 活动室兼卧室:这种布置方式实际上是在活动室内临时搭设铺位解决幼儿午睡的问题,面积利用比较经济。但是,每天搭设铺位将会给保教人员增加工作量。

卧室的平面形式与活动室相比,由于家具布置的要求相对灵活性要小。由于床具为矩形,为考虑有效的使用面积,卧室一般以矩形平面为宜。其尺寸需根据每班床数及其布置方式而定,平均每床不小于1.6m^2。

幼儿的卧具由于要定期进行日光消毒,卧室最好设置室外平台或阳台,以提供晒卧具的方便。

3）卧室的家具设置与设施

（1）贮藏间或壁柜：卧室内应附设贮藏间或壁柜以存放卧具，对于寄宿制幼儿园还应考虑存放每一幼儿衣物的面积。为便于存放整齐和避免乱拿，每一幼儿的衣物应在壁柜内占据一格。贮藏间或壁柜的位置最好在卧室入口附近，以便于保育员管理，但应注意不要影响床位的布置。柜门尽可能窄，以保证走道通畅。壁柜位置应有利于保持干燥，通风良好。

（2）床及床位布置：床是卧室的主要家具，其形式、尺寸、选材必须充分考虑幼儿的尺度和生长的特点。

① 床的尺寸：应适应幼儿的身体长短，即床长应为身长再加 0.15～0.25m，床宽应为肩宽的 2～2.5 倍，为使幼儿能够自己铺放被褥以及上下床的方便，床距地不应太高，具体尺寸如表 5-2 所示。

表 5-2　幼儿园寝室幼儿床尺寸　　单位：cm

班级	长	宽	高
小班	120	60	30
中班	130	65	25
大班	140	70	40

② 床的形式：幼儿睡眠时的随意翻动易使枕头和衣被滑落床下，因此需在床四周设挡板，考虑幼儿自己上床的方便，可在两侧挡板的一端降低其高度。寄宿制幼儿园每一幼儿必须有独用的床具，而全日制幼儿园因睡眠时间相对短，为节约卧室面积，可采用双层床、折叠床、伸缩床、床垫等形式的床具。但应考虑幼儿园大、中、小班幼儿的生理特点，保证使用过程中的便捷性与安全性。

③ 床的布置：床位布置的原则应做到排列整齐，走道通畅。要使每一幼儿都能独自方便地上下床，并互不干扰。避免将床位连成通铺造成幼儿只能从床位的端部上下。由于外墙面在冬季较冷，为防止幼儿受凉，应将床位与外墙面保持适当距离。如果窗下有暖气设备，也应将床位避开布置。具体布置时，应按图 5-14 的要求排列。

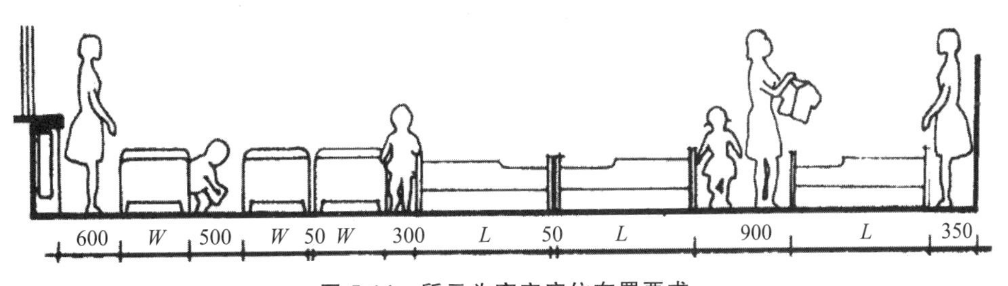

图 5-14　所示为寝室床位布置要求

5. 幼儿卫生间

（1）卫生间应邻近活动室和寝室，厕所和盥洗应分间或分隔，并应有直接的自然通风。

（2）盥洗池的高度宜为 0.5～0.55m，宽度宜为 0.4～0.45m，水龙头间距为 0.55～0.6m。

(3) 大便器宜采用蹲式便器,大便器和小便器之间均应设隔板,并加设幼儿扶手。每个厕位的平面尺寸不应小于0.7m×0.8m(宽×深),坐式便器高度宜为0.25～0.3m。

(4) 炎热地区各班的卫生间应设冲凉浴室,热水洗浴设施宜集中设置。凡分设于班内的应为独立的浴室。

(5) 每班卫生间的卫生设备数量不应少于:污水池1个;大便器或沟槽6个(位);小便槽4个(位);盥洗台6水龙头。

(6) 供保教人员使用的厕所宜就近集中,或在班内分隔设置。

(7) 音体活动室的位置宜邻近生活用房,不应和服务、供应用房混设在一起。单独设置时,宜用连廊与主体建筑连通。

6. 服务用房

(1) 服务用房的最小使用面积见表5-3。

表5-3 服务用房最小使用面积

名　　称	大型/m^2	中型/m^2	小型/m^2
观察室	15	12	12
晨检室	15	10	10

(2) 保健观察室应设有一张幼儿床的空间;应与幼儿生活用房有适当距离,应与幼儿活动路线分开;宜设单独出入口;应设独立的厕所,厕所内设幼儿专用蹲位和洗手盆。

(3) 晨检室宜设在建筑物的主出入口处并应靠近保健观察室。

(4) 教职工的卫生间、淋浴间应单独设置,不应与幼儿合用。

7. 供应用房

供应用房宜包括厨房、消毒间、洗衣间、开水间、车库等房间。

厨房设计要求:①厨房使用面积宜每人0.4m^2,且不应小于12m^2。②托儿所、幼儿园建筑为二层及以上时,应设提升食梯。

5.4 幼儿园建筑造型设计

5.4.1 造型设计要求

(1) 幼儿园建筑造型的设计与其他公共建筑的造型设计一样,都要符合一般的形式美原则,如统一与变化、对比与微差、均衡与稳定、比例与尺度、节奏与韵律、视觉与视差等构图规律。

(2) 幼儿园建筑造型的设计应满足幼儿生理、心理及行为特征的要求,充分考虑幼儿的心理因素,通过各种与造型相关的建筑要素,如体量组合、色彩处理、光影变化、虚实安排、质地效果等构成形式,创作出真正富有幼儿个性并深受幼儿喜爱的艺术形象。

(3) 幼儿园建筑的造型设计在反映"新、奇、趣、美"的幼教建筑个性风格的同时,还应处理好建筑内涵与形态之间的关系。

（4）幼儿园建筑的造型设计应与所处的居住小区或居住区的建筑风格、环境气氛统一、协调。

5.4.2　幼儿园建筑造型的特征

幼儿园建筑造型设计，不能脱离内容而进行纯形式构图，它要受到自身内在规律的制约，使得幼儿园建筑造型有明显的特征。

1. 体量不大

幼儿园建筑的规模较之一般的公共建筑要小得多，空间体量较少，而且内部的空间组成除音体活动室相对稍大外，其余都是较小的空间。这就决定了幼儿园建筑造型不会以高大体量的姿态出现。

2. 层数低矮

因为幼儿园建筑的层数较低，室内空间与儿童心理相适应也较少高大空间。这就决定了规模较大的幼儿园建筑造型基本以水平舒展的形式为特征。

3. 尺度小巧

在幼儿眼中幼儿园建筑应是他们心目中自己的如童话般的乐园。因此。幼儿园建筑的造型，从体量到细部的一切处理都要适应幼儿的审美尺度和心理需求。

4. 布局活泼、错落有致

幼儿园建筑通常以活动单元为基本模式，但其组合方式千变万化。同时，室外空间不仅作为环境特征的形式，也是作为幼儿园建筑设计的不可缺少的内容。所以幼儿园建筑常常以活泼的布局形式来达到与环境很好地融为一体的目的。这就构成了幼儿园建筑造型通常以非对称式、自由伸展、高低错落的形式出现。

5. 新奇、童稚、直观、鲜明

幼儿园建筑造型一般以幼儿作为观赏的主体，以幼儿心理特征、审美角度为依据来设计，所以幼儿园建筑造型经常以新奇、童稚、直观、鲜明的形象来取悦幼儿。

5.4.3　幼儿园建筑造型的方法

幼儿园建筑造型设计的宗旨，是通过建筑造型及建筑装饰语言，创造一个适合幼儿个性特征的建筑形象。而在具体运用中，手法又是多种多样的，可以根据设计对象的具体情况，以独特的方法创作出别具一格的幼儿园建筑形象。

1. 主从式造型

幼儿园建筑的功能关系、平面布局已确定了幼儿生活用房是建筑的主体，在建筑造型设计中也应突出建筑主体鲜明的个性。而且幼儿活动单元因其数量多，较充分地反映幼教建筑个性，常组合成富有韵律感的建筑群，形成托幼建筑的主体，起主导支配作用。音体活动室因其功能要求及空间形态特殊，常独立设置，从而形成了幼儿活动单元组群与音体活动室之间在体量上的主从关系。而服务用房、供应用房则是处在更加次一级的从属地位。

此时，在建筑形体组合时宜强调整体感，突出主体富有韵律感的形态(图 5-15)。设计时，应注意幼儿活动单元这一群体的整体感，不应追求过多的变化，从而削弱其整体感。可以从建筑形体的组合、色彩的明度、材料质感等方面加强对比，强调其主导地位。体量处在从属地位的音体活动室，在建筑造型设计中是一个活跃因素。无论在平面构成上还是在空间构成上都应重点推敲与主体建筑的关系。由于它在体型处理上的自由度较大，可以以特殊的造型语言与主体建筑形成对比。但在细部处理上又应与主体建筑取得内在的联系，这是造型对比中求得协调的手段，以避免主从关系间的拼凑。服务用房、供应用房在造型处理上应简洁，起到烘托、陪衬主体的作用。

图 5-15　主从式造型幼儿园

建筑主从各部分在细部处理上应有内在的联系，这是造型对比中求得协调的手段，如在细部处理上将某一建筑符号重复运用，各部分相互呼应形成整体组合群，同时还要考虑主体活动单元群与其他体部之间的均衡，避免主从关系间生硬地拼凑。

2. 母题式造型

母题式造型是运用同一要素做主题，在建筑造型上反复运用，并以统一中求变化的原则使母题产生一定相异性，以达到托、幼建筑的活泼、生动之感(图 5-16)。母题有多种形式，从建筑形体上看，较为适合幼儿园建筑的母题常用几何形体有正方形、六边形、圆形及圆弧与直线相结合的复合形等。其中，六边形在平面及体量的衔接上比较自然，且功能布置易于处理又利于连接再生；圆形因其线形的流动感特别符合幼儿好动的特性：三角形母题因其锐角的空间形态对于幼儿园建筑的个性以及使用要求较难适应，因此，在体量造型上通常不采用作为母题，仅用于某些建筑装饰的部位。建筑母题的内容还包括了门、窗、屋面、墙面及某些装饰等，均可作为幼儿园建筑母题的基本要素。例如，幼儿园建筑的儿童活动单元因其形状、大小、色、质等相同或类同，而且数量多，当着重强调并重复使用体形、屋面、门窗等某种要素构成母题时，会产生强烈的韵律感。

母题的相异性即在统一中求变化的原则下产生基本要素的某些部分的不同(相异)，如圆与圆弧、直线与圆弧等。母题的相同与相异两者的关系也应遵守主从法原则，变化不宜太多、太大，否则会破坏母题的完整性。由于由相同活动单元所构成的主体建筑在形体上占优势地位，因此，主体建筑的母题在大小、方向、质感等方面及外观上的相同性，可以构成母题强烈的韵律感。母题的相异可以运用在次要的体量或次要的装饰图形上，以求统一中有变化。如圆的母题相异性,可通过改变其直径,去除圆的一部分,取圆的一段弧长等来得到。

图 5-16　母题式造型的幼儿园

3. 比拟式造型

幼儿建筑的造型特色在于它与幼儿生理、心理的内在联系,像活动器具、文具、动植物等事物不仅被幼儿所认知,而且其形体简洁、明快,符合幼儿的特征,常被用作幼儿园建筑重要的造型手法之一。比拟式造型并不是简单地模仿,重塑事物,而是要经过加工、提炼、概括,运用建筑的语言在幼儿建筑的重点部位大胆使用。

比拟式造型常采用模拟手法表达童话意境,如有的似城堡、钟楼,有的似林中营寨,有的似大自然中的动物等,形象生动活泼,静中求动,多姿多彩,颇有童稚之气和新奇之感。如将幼儿园造型比拟成飞机的形态,将铅笔作为幼儿园造型的点睛之笔,使规整的建筑形体充满了童趣。

4. 文脉式造型

幼儿建筑常位于居住小区或居住区内,为使其与周围建筑造型协调、统一,也常采用民族传统的文脉式造型。图 5-17 所示为某幼儿园民居式的造型平和而亲切。

图 5-17　某幼儿园民居式的造型平和而亲切

5.5 幼儿园建筑室外环境设计

5.5.1 幼儿园室外空间环境特点

在幼儿园建筑设计中，通常对主体建筑比较重视，而往往对外部环境重视不够，不能适应幼儿的生理、心理要求，这实际是不全面地看待幼儿教育的结果，妨碍幼儿身心健康的发展。

各国对幼儿园的定义非常明确，幼儿园里幼儿教育与生活是最主要的内容。如英国对幼儿园解释为“用实物教学、玩具、活动及发展幼儿智力的学校”，德文解释为“尚未进学校的活动学校”。

幼儿园整个室外用地可分为入园场地、全院活动场地、器械活动场地、种植园、小动物园、杂务后院、基地周边空留地。

幼儿园的用地面积包括建筑占地、室外活动场地、绿化及道路用地等。城市幼儿园用地面积定额见表 5-1。

幼儿园整个用地配置按各部分的功能要求不同分别如下。

(1) 出入口地是幼儿园基地配置给孩子的第一印象，当基地面积较小时，主体建筑入口紧接幼儿园的入口大门，但在园大门与主体建筑有一段距离的情况下，除设较宽的道路外，应设置家长等候的花架、坐凳或标志幼儿园特点的建筑小品。

(2) 活动场地主要是布置幼儿园中的室外部分，每日户外活动约 5h，室外活动场地包括分班活动场地和共用活动场地两部分。分班活动场地每生 $2m^2$。

(3) 公用活动场地包括设置大型活动器械、戏水池、沙坑以及 30m 长的直跑道等，每生 $2m^2$。

(4) 幼儿园内场地绿地率不应小于 30%，宜设置集中绿化用地，有条件的幼儿园要结合活动场地铺设草坪，尽量扩大绿化面积。

(5) 道路用地包括园内干道、庭院道路及杂物院等用地。

幼儿智力的特征是自我中心性，即以具体的事物作线索，以自己为中心进行观察和思考，因此要有意识地利用场地布置丰富多彩的儿童设施，提供多样化的生动形象的塑造物，使儿童的运动觉、触摸觉、平衡觉等接受环境强刺激，使肌肉分化，通过这些感知发展，使儿童的最基本的认知能力得以发展，促进幼儿智力发展。

室外活动场地应促进幼儿情感的发展，从活动中感知环境美的熏陶，成长为良好的性格。

另外，活动场地应促进幼儿社会性的发展，尤其在目前独生子女较多的情况下，往往以自我为中心，幼儿园在各种集体活动中，培养起良好的社会性，取得和同伴在一起的协调性。

5.5.2 外环境构成元素

(1) 班级活动场地大多用建筑、连廊、绿化进行围隔,用建筑、绿化分割成班组活动场地,或用连廊分割成班组活动场地。

班活动场按规范为 60～80m^2,应具有良好日照。因此,场地不仅要考虑大小合适,而且要满足一定的环境质量,不能以为满足日照间距所形成的院落就可以作为班级活动场地了。

在幼儿园用地十分紧张的条件下,高楼层可利用下层的屋顶作为班组活动场地,层层推进的建筑形式也颇有新意及情趣,如无锡商业幼儿园利用下一层活动室作为上层活动室的室外平台。

利用阳台或屋顶设置活动场地时,必须注意边缘的安全措施,如设高栏杆,栏杆栅必须竖向,防止幼儿攀爬翻出。也可设较宽的花台,防止幼儿靠近边缘。

(2) 除活动场地外,还应有固定的器械活动场地,以促进幼儿动作协调发展,如听、看、触、摸、拉、推、抓、握、踢、钻、蹬,促进儿童的空间感、速度感、节奏感、平衡感。培养儿童大胆、勇敢的性格,因此,在场地内应设有五种以上的大型运动器械。

近年来,在很多幼儿园出现了组合活动器具,如水池与大象滑梯。各种组合活动器械也可以利用废物、旧料制作,如用混凝土管子、钢管、废轮胎、树根、树桩等,也可设立体育障碍和带有冒险趣味又安全的器械,如攀登架、吊环、平衡木及活动墙。

设计活动器械时应注意安全性,器械要牢固,各种器械尽可能做成圆角,表面光滑,活动器械之间保持一定距离以避免碰撞。由于器械终年在露天日晒雨淋,又受气温变化影响,故活动器具材料要选经久耐用的,如树桩需经防腐处理,金属须做防锈处理。活动器械必须对孩子富有吸引力、想象力且色彩鲜明,一种器械最好能适应多种活动,使儿童能不断变化玩耍兴趣。也可设彩色地面或墙面,让孩子任意在上面涂画,这是孩子们最乐意的。

(3) 孩子天性就爱戏水,凡有条件的幼儿园都应设有戏水池,可涉水或游泳,戏水池可建成多种形状,储水深度不应超过 0.3m,戏水池内可结合进水口设喷泉,幼儿园庭前的戏水池,配以蘑菇伞亭、喷泉、小滑梯,高低起落成组,增加幼儿园活动场地上的情趣。日本某幼儿园,在班组活动场设置了洗脚池使进入活动室时不将泥沙带入室内。

池底平整,设上岸踏步,池边设栏杆,池边角及栏杆都应圆滑,池旁设冲淋龙头,池面积约 20m×20m,以容纳一个班的儿童下水为宜。

(4) 种植园地是为了培养儿童热爱大自然及培养儿童动手劳动的能力,应设于向阳处,让幼儿从小观察大自然种子发芽、开花、结果的变化过程,同时栽培植物还能引来蝴蝶、蜜蜂、昆虫之类,引起他们求知的欲望及好奇心。

(5) 儿童喜爱和温顺的小动物玩耍,如小猫、小鸡、小鸭等,建立小动物房舍,圈养一些可爱的小动物能激发儿童对小生命体的爱护、关怀,学会关心周围事物,但小动物房舍必须经常打扫,设置时最好接近后勤区,便于管理人员对小动物的照料。

(6) 杂务院子必须与后勤、厨房相连,并有直通院外的大门,杂务院大门应与幼儿园主入口分开。在基地条件不允许或基地上面临一条道路时，基地只能设一个出入口，则后勤供应在入口处另辟道路进入杂务院子。

(7) 整个活动场地绿化布置应根据场地的各种要求，在集体活动场地设置大片草地，让儿童自由奔跑、追逐。在器械场地宜种植高大乔木作为遮阴，在休息、逗留之处设置花架、廊道。幼儿园绿化不宜种有毒、有刺、有飞絮、病虫害多、有刺激性的植物，如夹竹桃、仙人球等品种。

(8) 幼儿园的大门是给孩子第一印象，故宜亲切、生动，门前应有家长停车的地方。

(9) 幼儿园围墙形式有通透、封闭和两者混合的做法，在新建居住区中，一般采用通透的铁栅，孩子们玩耍嬉笑声可以增加居住区的欢乐气氛，对幼儿来说也不会感觉封闭在大墙下与家庭决然分隔。如果幼儿园基地是沿城市交通道或是在拥挤的居住区中，则可采用封闭或部分开敞的围墙，从而使内部安静、不受干扰，但实墙应作处理，以增加情趣。

5.6 幼儿园建筑设计案例分析

5.6.1 幼儿园案例1

该幼儿园占地面积约 $6000m^2$，建筑面积约 $4000m^2$，容积率 0.67，建筑密度 28%。空间的互动交流给孩子提供适当的感官刺激，帮助他们成为敏锐的空间观察者，所以无论场地还是建筑，空间分隔要注重场地性、流动性、多功能性，形成系统的交往空间，以丰富空间层次、空间自主性、实现幼儿交往的多重性。

庭院对孩子来说是获得生活体验和成长的重要场所。采用天然的草坪、花、树木，让孩子们更好地感知自然。丰富的视觉形象，满足幼儿独特的好奇心与归属感，提升幼儿园的可识别度。简洁的体块组合、高低错落、穿插变形，容易成为孩童认可的造型。将功能模块化后置于场地，再将功能体块按照需求进行变化。有趣的不规则开窗，打破了积木的规则。具体见图 5-18～图 5-26。

图 5-18 总平面图

图 5-19　效果图

图 5-20　外立面图 1

图 5-21　外立面图 2

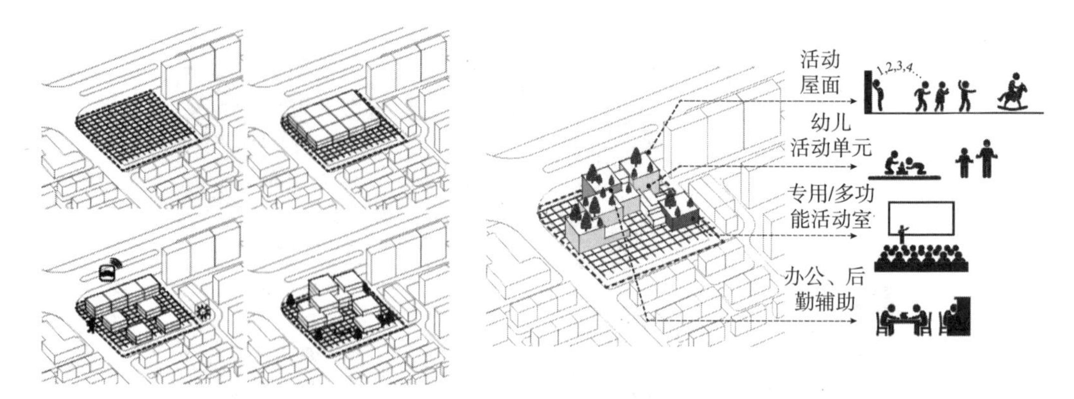

图 5-22　体块功能构成

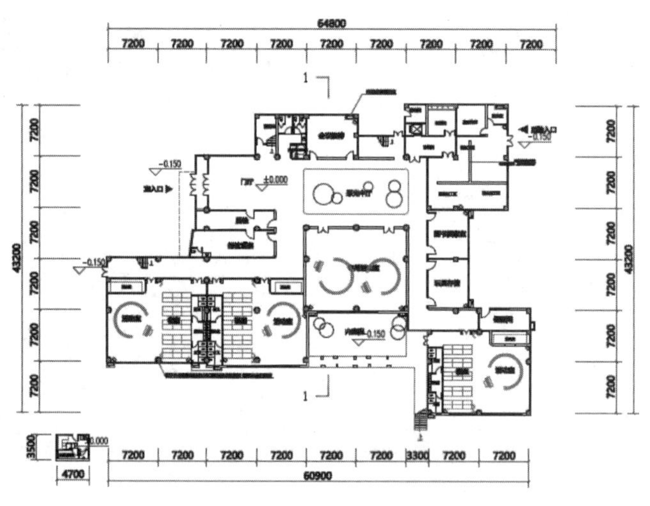

图 5-23　一层平面图

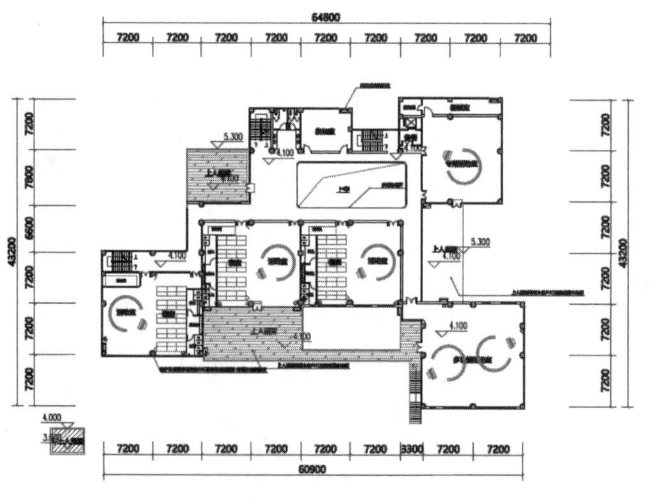

图 5-24　二层平面图

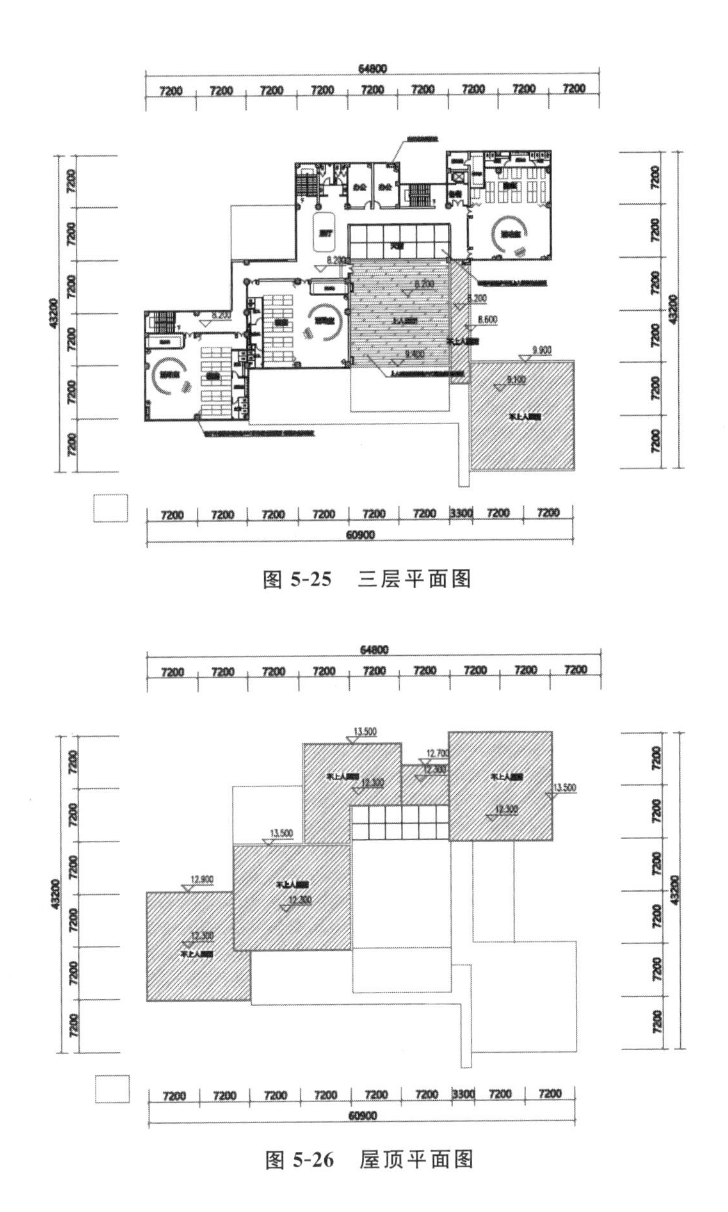

图 5-25　三层平面图

图 5-26　屋顶平面图

5.6.2　幼儿园案例 2

该幼儿园建筑面积约 1700m^2,用地面积约 3100m^2。新增建筑部分为扩大办园规模所建。扩建部分有机地解决了新老建筑结合的处理,使功能和使用更趋完善,体量结合更加完整。主入口采用架空层处理,避免了建筑因距道路太近而产生的压迫感,并使内院通风效果良好。因室外活动场地在用地南面,为方便各班幼儿进出室外场地,主楼梯采用通透式,空间开敞,流线顺畅。建筑造型采用伞柱、积木式窗框等设计要素,适当表现了幼儿园建筑的个性。具体见图 5-27～图 5-33。

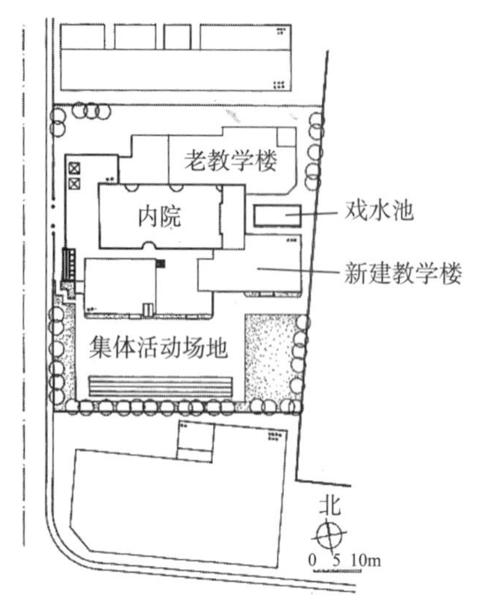

图 5-27 总平面图

图 5-28 建成效果

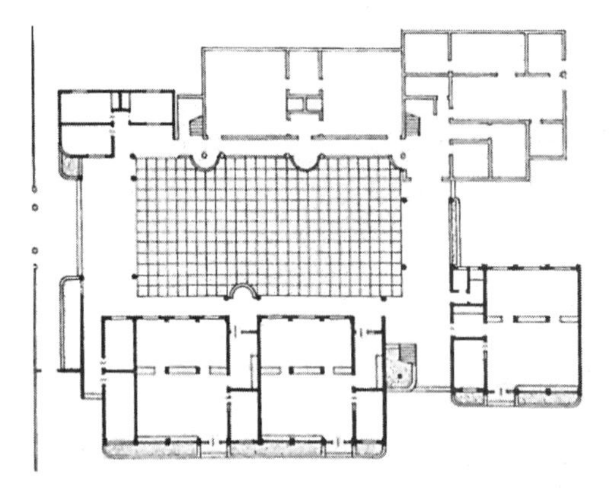

图 5-29 一层平面图

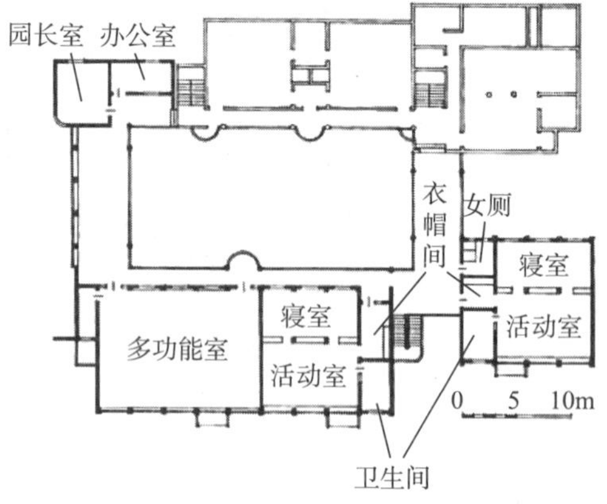

图 5-30 二层平面图

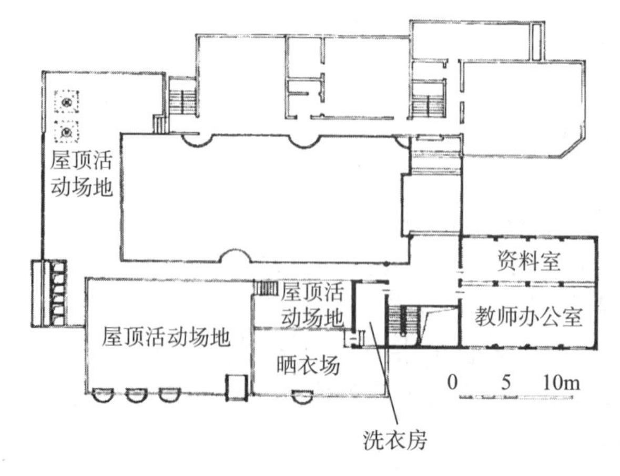

图 5-31 三层平面图

图 5-32 南立面图

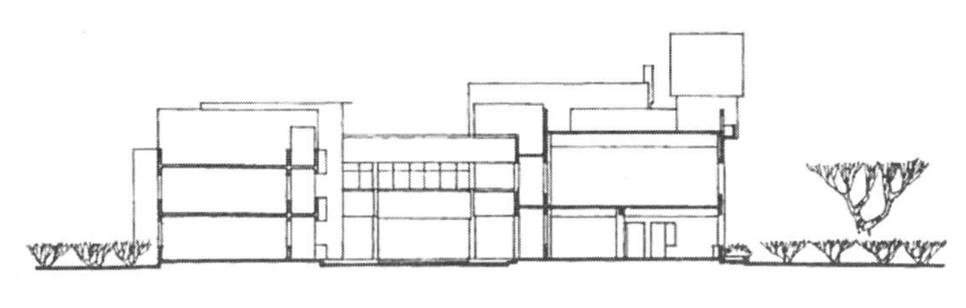

图 5-33 剖面图

5.6.3 幼儿园案例 3

该幼儿园建筑面积约 7500m²,用地面积约 13000m²。本建筑为 18 个班的幼儿园,每个班级活动单元活动室寝室合并设置,使用面积 110m²,可分可合,南北通透,采光通风良好。独立衣帽间设于教室北侧,盥洗间与卫生间分开设置,直接对外采光通风,很好地满足了幼儿日常生活起居要求。一层设 210m² 圆形音体活动室,采光通风良好,空间活泼,满足全园集会、演出、大型活动的要求。音体活动室位于整栋楼最东侧,既联系方便又不对班级教学活动产生干扰。紧靠园区集中活动场地,联系方便。三层门厅共享空间上部设 200m² 综合活动室,不影响其他班级教学活动。

在建筑造型设计上充分考虑幼儿园建筑"儿童化""绿化""美化""净化"的要求,造型活泼,颜色亮丽,体型多变,充分体现了儿童建筑的特点。既有圆形与方形、长方形的穿插变化,又有一层、两层、三层的高矮错落布置,在外墙色彩上采用鲜艳明快的色彩,很好地符合了儿童生长特性需求。具体见图 5-34～图 5-43。

图 5-34 鸟瞰图

图 5-35　效果图 1

图 5-36　效果图 2

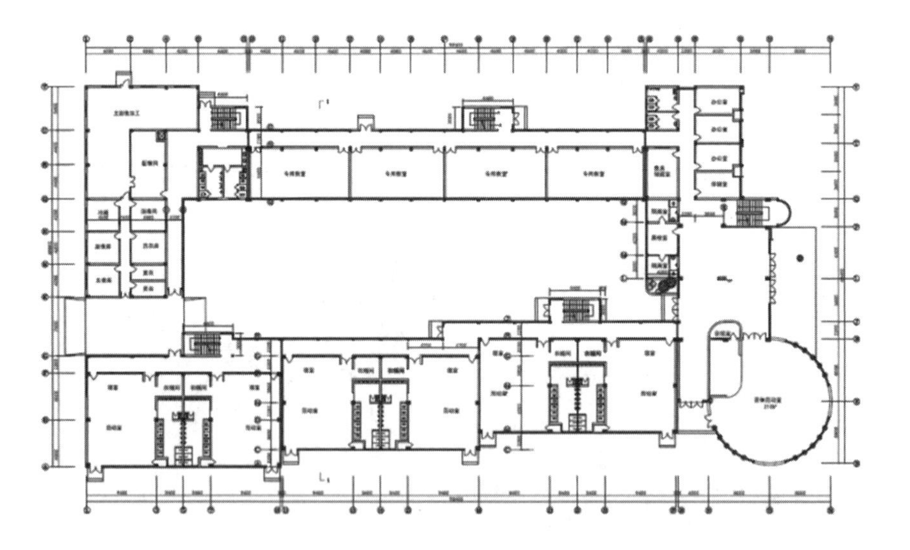

图 5-37　一层平面图

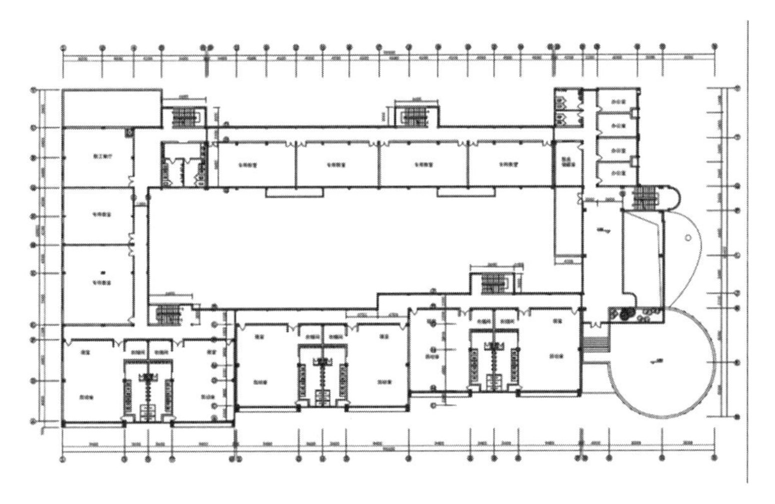

图 5-38　二层平面图

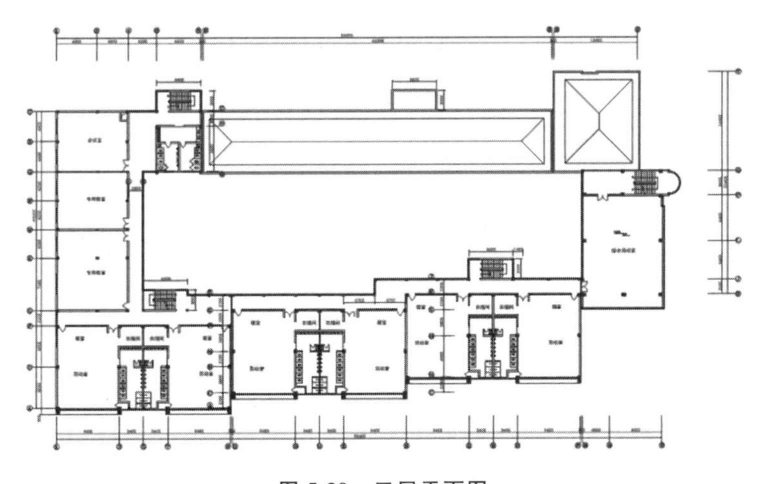

图 5-39　三层平面图

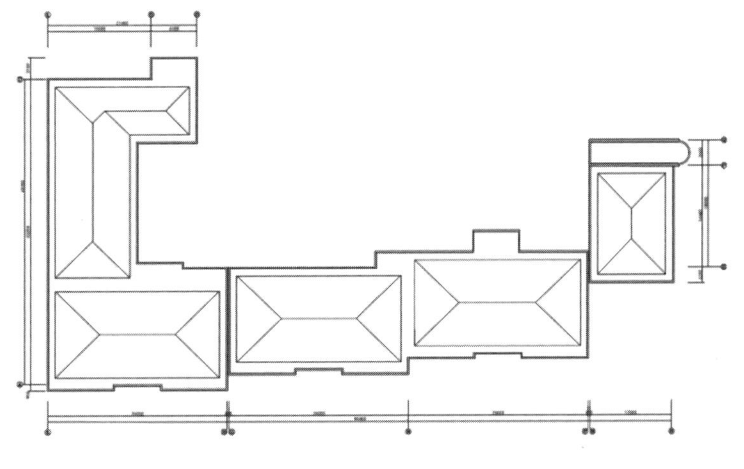

图 5-40　屋顶平面图

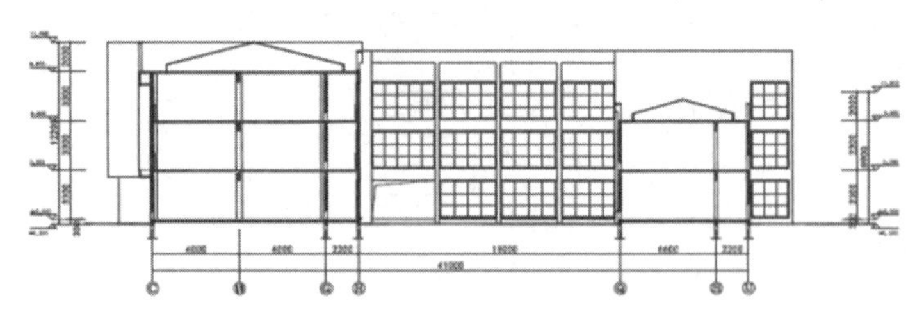

图 5-41　剖面图

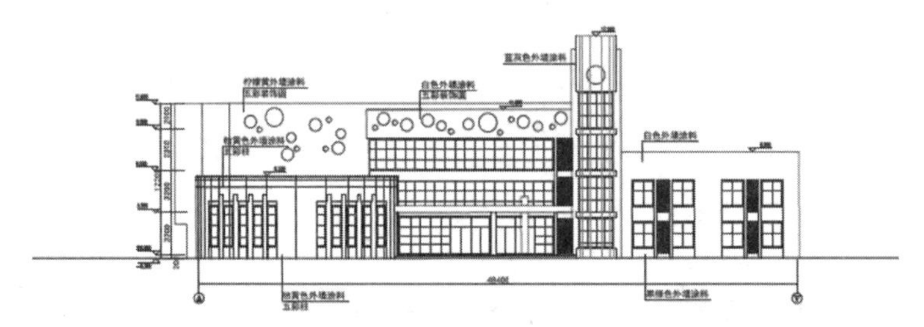

图 5-42　立面图 1

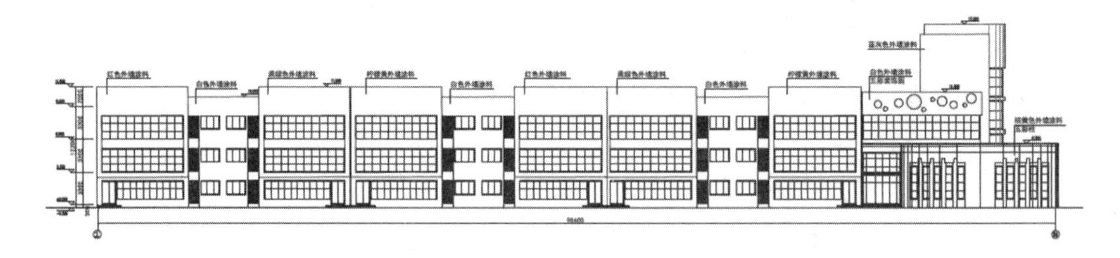

图 5-43　立面图 2

学习笔记

课后思考

1. 如何从幼儿园的规模上进行分类？

2. 如何绘制总平面的功能关系图？

3. 如何绘制建筑功能关系图？

4. 搜集幼儿园设计优秀案例，并思考从哪几方面进行案例分析。

参考文献

[1] 黎志涛. 幼儿园建筑设计[M]. 南京：东南大学出版社，2018.

[2] 张燕. 公共建筑设计[M]. 北京：中国水利水电出版社，2011.

[3] 艾学明. 公共建筑设计[M]. 南京：东南大学出版社，2015.

[4] 张文忠. 公共建筑设计原理[M]. 北京：中国建筑工业出版社，2008.

[5]《建筑设计资料集》编委会. 建筑设计资料集[M]. 北京：中国建筑工业出版社，2017.

[6] 中华人民共和国住房和城乡建设部. 建筑设计防火规范[M]. 北京：中国计划出版社，2018.

[7] 中华人民共和国住房和城乡建设部. 建筑防火通用规范[M]. 北京：中国计划出版社，2022.

[8] 中华人民共和国住房和城乡建设部. 民用建筑设计统一标准[M]. 北京：中国建筑工业出版社，2019.

[9]《民用建筑通用规范》编委会. 民用建筑通用规范[M]. 北京：中国建筑工业出版社，2022.

[10] 杨海文. 公共建筑设计空间功能的创新[J]. 科技创新与应用，2021(16)：49-51.

[11] 中国建筑标准设计研究院. 国家建筑标准设计图集 19J823：幼儿园标准设计图样[M]. 北京：中国计划出版社，2011.

[12] 中华人民共和国住房和城乡建设部. 托儿所、幼儿园建筑设计规范[M]. 北京：中国建筑工业出版社，2019.